Mark Ven
馬克凡——著

關鍵思維

解除焦慮，成為不凡的關鍵人物

01

第一部　面對現實世界，才能成為關鍵

02

第二部 面對個人成長，你要相信「成為關鍵的那個自己」

03

第三部
面對工作挑戰，你要擁有「滴水穿石」的習慣

04

第四部 面對經營事業，你要累積「扎實堆疊的關鍵決策」

05

第五部
面對未來，「行動」才能成為關鍵

好評推薦

創業近二十年，一路上看過許多的風景，也歷經過不少事情，有好的當然也有不好的，而一切的積累讓我知道，能在創業這條路上走多遠，靠的不是技巧、方法或是絕招，而是內化在腦袋與靈魂中的「內功」，大到遇到事情該怎麼判斷、公司該選擇什麼方向前進、現在是該冒險還是該保守，小至該不該聘請這位面試者、該不該賣這項產品。

馬克的這本書用非常系統的方式，闡述了該如何一點一滴地把內功給建立起來，它不是一本你看完之後就會立刻變成武林高手的祕訣，但卻是能幫你一點一滴系統性建立一切，值得再三研讀的書籍。

——戀家小舖創辦人、臺灣歐必斯共同創辦人／李忠儒我認識馬克凡超過十年，每次碰面都感受到滿滿的熱情，他是一個長跑型的創業家，本書傳遞的關鍵思維可以幫助很多人再次突破心中困境、突破自己，更上一層樓。

——ComHere 執行長／邱永龍

很榮幸有機會為年輕有為的馬克凡的新書推薦。

認識他是因為他積極地上我ＣＥＯ班的課，也帶著他的團隊同步學習，加上又與聯聖企管有合作的機會，讓我深入了解他的理念。今日他將多年來的心路歷程整理分享，值得肯定與推薦。我常強調，成就成事在於「實踐」，他在書中實證此事；經營源自於「重視滿足顧客的需求，而不是強推自己的強項」，他實踐了。讀者們可在書中領悟其年輕勝出的關鍵，值得推薦！

——聯聖企管集團創辦人／陳宗賢

經營企業或人生都會面臨很多關鍵時刻，對或錯的決定，結局完全不一樣！重點是你面對關鍵時刻的思維！與馬克凡合作，起源於不花一塊廣告費，即創造黑卡一百七十多萬數位會員的奇蹟！常討論致勝關鍵，也很樂見馬克凡出書將寶貴經驗與大家分享！

——路易莎咖啡創辦人、董事長／黃銘賢

這本書提供了一套思考問題的準則，如果你停滯不前，或是在面對未知世界時不知道如何做決策，推薦要細細品嘗書內的許多關鍵思維，這會是躍遷自己的一大關鍵。

——鳴周科技創辦人暨總經理／劉元平

在馬克凡早期創業期間，就發覺他不斷在市場中挖掘機會並持續深化自身優勢。本書分享他這些年來創業路上的精華，透過淺顯易懂的敘述，從心法的培養到系統性的養成作法，將幫助你有效提升個人能力。

——顧問暨加速器營運長／鄭冏瑋

馬克凡是我見過聰明、努力，並很清楚自己目標的年輕創業者之一，他看見機會、創造機會、掌握機會、成就機會！

這本書承載他十五年的創業實戰經驗，不僅是創業的指南，更可以幫助你跳脫負向循環的思考模式，成為關鍵人物的最佳祕笈。

——ESG企業歐萊德總經理／蔡怡穎

前言
生活是一個大型遊樂場

在旁人眼裡，我是一位「斜槓創業者」，但我覺得自己是在玩樂，但這些玩樂在眾人眼裡卻是在做生意。

怎麼說呢？

我很愛玩耍、辦活動，但是我將活動設計成可以收費盈利；小時候我很喜歡組裝電腦，所以幫同學組裝電腦，賺點小錢；爲了讓自己有動力做網站，便開始接網站的相關案子，強迫自己加速學習；在二〇一〇年的時候，發現移動網路時代已到來，就全心投入其中並開發應用，也同時接設計APP的相關案子、自己嘗試開發平臺。

到後來，因爲熱愛電影《鋼鐵人》，當中的人工智慧與三維模型的帥氣深深吸引了我，於是投入電腦視覺與擴增實境AR的技術研發，更創辦一家以體感辨識技術爲核心的新創公司，還被路透社報導，該篇報導在十天內獲得超過三百萬次的轉載，也得到亞太區全球資通訊創業大獎金牌。現在我也是多家企業的創辦人，經營領域橫跨會員科技、自媒體運營、數位人才培訓等。這過程很辛苦、很累，但我都不覺得自己是在工作，反而覺得自己在玩，更深入來說，我覺得自己只是一直在做同一件事，且認眞體驗當下，並解決問題、提供價值。

在創業歷程中，我發現成功的關鍵不只在能力，更重要的是「心的力量」，有心就會找到解決方案，可以在不知不覺中做到。於是在二〇二〇年底，我開始經營個人品牌的自媒體，在社群分享自我探索與成長的內容，累積近十萬粉絲。現在我把大家最有共鳴的內容，加上自己應用多年的實戰法則，並透過大量閱讀和實踐，將這些心法整理成書，希望能幫助你面對挑戰、找到關鍵解方，成爲頂尖人才！

現代人因社群網路而過度焦慮，用虛假的自我肯定掩飾焦慮，這導致許多人盲目追求表層解法、過度攀比，陷入自我努力安慰的循環，有許多公司夥伴與粉絲都曾向我表示曾遇到這個問題，而這本書就是爲了幫助人更快融入職場、檢視自己，跳脫負向循環的困境。

那什麼是焦慮呢？其實焦慮的本質是害怕未知。「怕」字怎麼寫？其實就是一個「心」加上一個「白」，心裡空空的，就會感到未知、焦慮！人類之所以演化出焦慮的反應，其實就是希望藉此探索出解決方案，幫助自己從未知到已知，進而克服問題，所以說，焦慮並非是壞事，它很有可能是幫助你成功的元素，只要好好運用，有效率地找出後續解決方案、重組你的思維，就能透過焦慮幫助你脫穎而出，成爲頂尖人士！

從五大面向使用這本書

這本書總共有五大部分，分別是「如何面對眞實世界」「如何面對自我成長」「如何面對工作挑戰」「如何團隊管理與經營事業」以及「如何面對未來」，和大家分享我如何用這些思考模式迎接挑戰。

其中我又切分成兩個祕密，分別是「信念」與「關鍵」，幫助讀者如何面對眞實世界、降低焦慮，開心地迎接各種挑戰，實際的執行方法可以參考後續的十四條法則，是可以幫助讀者達成這兩個祕密的途徑、成爲關鍵的思考架構。

法則一到四分別爲盤點、分析、簡化、發現。這四個法則的目的是讓你從信念出發，建立起一個好的思考本質，並且有一個自我成長的架構，可以讓你更快速地抓住關鍵、更好地理解自己和面對各種挑戰。

想要成爲關鍵的角色，最重要的是要有一套關於自我成長的思考方法，學習「如何面對自我成長」的課題，其中就是要對生活、學習和工作進行盤點，找出自己的優點和不足，並制定目標和計畫，接著要進行深入地分析，找到問題的根源。記住，有時候感到迷茫並不是因爲你的能力不足，而是分析的方向不對。

除此之外還要學會簡化，專注在最重要的事情和目標上，以提高效率。最後，透過不斷地發現、掌握機會、找到解決問題的方法，讓自己不斷成長。以這四個法則爲基礎，更好地了解自己，在未來的人生旅程中不停成長，成爲關鍵角色。

法則五到八分別爲總結、模塊、熟練、疊代，這部分開始談如何在工作上成爲關鍵角色的基本功，不僅可以讓你更有效率地處理工作，還可以讓你更清晰地了解自己的做事方式，運用這四個法則，我們能夠更好地面對工作挑戰，克服困難，提升自己的能力和自信。

當你漸漸變得需要帶領團隊的時候，你就會需要法則九到十二，也就是客觀歸納、分析聚焦、系統思維、疊代決策，透過注重事實和數據，從中歸納出規律和結論，其次，設定清晰的目標和方向，持續評估自己的進展、聚焦目標，接著具備全局觀念，從整體上考慮問題，最後，持續評估和調整決策，共建團隊的決策知識庫。這個部分主要是協助你面對事業，能夠更好地管理團隊和經營事業，提升自己的能力、自信、領導方式與大局思維。當你能夠熟練掌握這些法則，就能往「成爲一名優秀的管理人員」或「一名出色的團隊領袖」，甚至是「一位成功的創業者」這個目標更近一步。

最後，我們會談到的如何面對未來，其中，透過法則十三和十四，也就是行動是關鍵以及專注當下，幫助你在爲未來整體進行規畫時，能夠更清晰，並知道如何運用前面提到的十二個法則，幫助自己往未來的目標前進。

我希望這本書可以像一張地圖一樣，幫助大家更容易面對這個眞實的世界，成爲不凡的關鍵。接下來，讓我們開始從「信念」到「成爲不凡關鍵」的旅程吧！

01

第一部
面對現實世界，才能成為關鍵

在面對生活中的各種挑戰時，我發現了兩個重要的祕密：「信念」和「關鍵」。

「信念」是我在創業過程中，領悟出來的核心思考方式，讓我有動力與方法，可以不斷挑戰各種困難；「關鍵」是生活迷宮的指南，讓你了解如何成為不凡的關鍵人物。

這也是我經歷了無數個焦慮與挑戰，慢慢學習、自我探討、體悟、請教前輩、閱讀的精華總結，學習這些信念和關鍵後，能讓你更加清晰地看待人生，更勇敢地面對困難，成為最好的自己。

畢竟，在真實世界裡，困難並不是最大的敵人，不敢面對自己的真實感受，所產生的焦慮和壓力，才是你人生最大的魔王。

祕密一

信念：成為內心強大的人，養成正向循環模式

在面對挑戰時，我們因為缺少核心信念，
所以會被情緒吞噬，失去自信，讓疑慮和焦慮無限放大，
最終迷失在困難中。

1 每個人都是在過程中成長蛻變的

你可能會因爲身邊的人和事陷入「比較地獄」，讓你覺得焦慮，更最可怕的是，現在社群媒體發達，你可能還會跟很多不認識的人比較，覺得自己一無是處……但這只是你的感受，而不是眞正的困難。

面對這些比較，你首先要學會的是**「面對自己真實的感受」**。不要害怕你的感受，承認你的恐懼和疑慮，但不要讓它們控制你。想一想，爲什麼你會有這些感覺？是期望太高？還是因爲比較？當你知道爲什麼會有這些感覺，就可以針對問題解決。

信念，是一個很重要的課題，其中潛在的課題是「面對」，它們是一體兩面，當你願意面對，就能慢慢地探索出信念，當你有信念，就能面對未知，讓心態強大，形成正向循環！

記住，別讓「比較」成爲你的負面情緒源，因爲它會讓你進入負向循環並自我懷疑，學會面對自己的真實感受，找到核心信念，主導自己的人生。**當你專注當下，不再被焦慮困住，才能克服難關，成為更好的自己**。

考大學失利是我人生第一個大挫折，所以上大學後，也曾想轉學或轉系，尤其是看到兒時玩伴都表現得比我好，更是百感交集！同時產生羨慕、恐懼、害怕、迷茫的感覺：羨慕同學做到我做不到的事，恐懼自己因此失去很多、害怕自己越來越糟，迷茫未來的出路。

有時，我們會發現自己的恐懼是「比較」造成的！舉個例子，想像你是個熱愛畫畫的女孩，目標是成為藝術家。有一天，你在社交媒體上看到一個同齡女孩，她的畫作受到大家的讚譽，而你卻覺得自己還差得遠，於是你開始懷疑自己的才華，感到恐懼和焦慮。

但是，如果換個情況，假設自己跟理想有差距，但比身旁的同學好一點，通常心裡感受也會好一點，雖然有點難過，但不會迷茫，這才是大家遇到困難時的心理感受，但很少人願意「面對」它，最後只記得「恐懼與焦慮」。此時你只要明白，**每個人的成長速度和條件都不一樣，別人的成功並不意味著你的失敗**，反之亦同，不用做任何比較去放大恐懼。

回到我當時的狀況，我下定決心要考轉學考，但是又提不起勁，畢竟才剛考完大考，於是出現一段渾沌期：今天下定決心、明天又提不起勁的循環狀態，讓我越來越焦慮，因爲我一直以來就是個自我要求很高的人，此時開始懷疑自己：「是不是我比較笨才會這樣？」接著出現第二個惡魔：自我懷疑的負向循環。（見圖1-1）

一旦形成這個循環就很糟，也很難跳脫，並且不易察覺，循環久了就會選擇放棄，因爲人性討厭待在不舒服的狀態。

不過當時的我很幸運，透過大量閱讀讓我突然頓悟，也讓我想到自己從小的「手作」能力就很強，不論是畫畫、勞作、寫程式、做設計，我都是先「動手」，邊做邊學，做得很開心，念書雖然都能念進去，但是考試常常不小心失常，

圖1-1　自我懷疑的負向循環

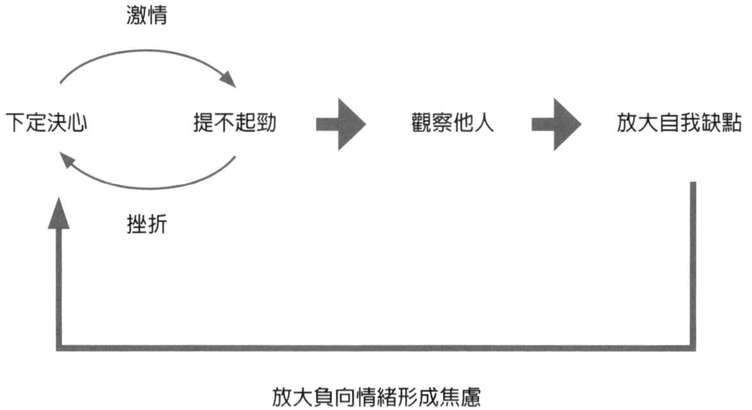

那時我心中浮出：「考好大學的目的，未來不就是要找到好工作嗎？如果我直接開始工作或做跟未來有關、又能做好的事，比別人早四年起步，應該也不錯吧？」這時，我眞的超開心的，瞬間覺得前途光明，而這就是打破負向循環，建立正向循環。

當我後來步入職場，挑戰跨領域工作時，又遇到類似的負向循環，例如：我去銷售3C產品時，因爲不懂方法而業績掛蛋，但透過觀察前輩與請益，列出自己的優勢，從前輩的分享中「找靈感」，代換成我的方法來執行。果然隔天業績就好轉了，這就是正向循環模式。

接著在創業、管理、擔任企業顧問、

圖1-2　建立自我肯定正向循環

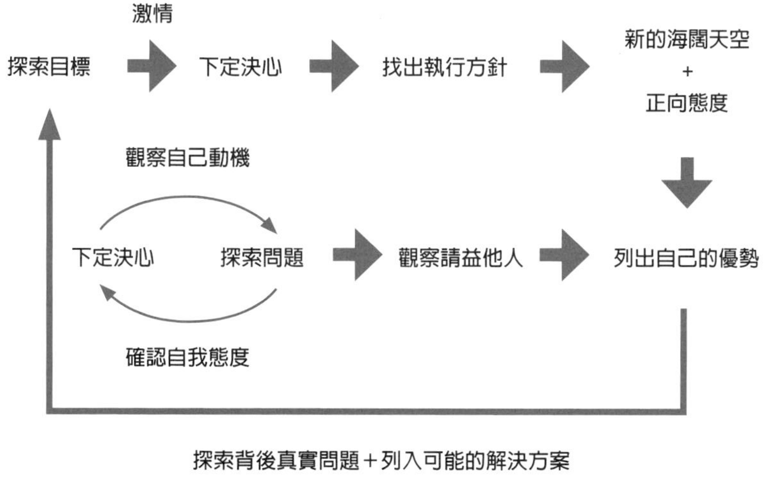

設計產品研發、做行銷等不同面向，我都是用同樣方法面對，並稱它爲**「自我肯定正向循環」模型**。（見圖1-2）

從升大學的挫折體悟出打破負向循環的模式，在做研究、接案、創業的路上，正向循環模式都爲我帶來很大的幫助。

2 打破負向循環的焦慮，關鍵是「面對現況」

當你遇到窘境，**要打破僵局，必須先「面對現況」**。所謂「面對」就是在觀察他人之後，要「客觀地列出自己的優勢」，把自己的優勢加上客觀面對「眞實的現況」，列出解決方針，開始探索新的目標。

很多人都會說要「面對問題」，但我不喜歡這樣說，「問題」感覺像是負面詞，所以我更喜歡說「現況」，因爲很多時候我們所面臨的問題都是基於對現況不了解，進而幻想出來的，這就是感到焦慮的原因，你會焦慮其實是因爲不了解現況，加上沒有面對，所以就無法找到解決方法，又或者是亂找解決方法，讓自己越來越累，形成負向循環。

我會把「面對」當作是第一個關鍵特質，因爲如果沒有學會面對，學再多也就只是事倍功半。想想看，如果我提出一個方法可以讓你在創業或職場上更有方向，達到事半功倍的效果，但因爲你不敢面對眞實情況，導致怎麼套用方法都失敗，這樣不是很可惜嗎？你可以學習變更好的千萬個方法，可是一旦不面對現況，就像在黑暗中亂開槍，永遠射不到靶心。

那麼人們為什麼為不敢「面對現況」呢？

其實最根本的原因是腦補太多，所以我分享一個簡單的方式來幫助你面對現況：

五月天的阿信在讀大學時就要決定是否休學、專心投入於全職的樂團，某天他騎摩托車經過一條很長的隧道時，就告訴自己，騎出隧道的最後一個念頭，就是他的決定！最後他決定要全心做音樂，所以才會有現在的天團。當時我看到這個故事時深受啓發，於是開始思考他之所以會這樣做，背後的原因是什麼？是什麼讓他快速地面對現況做決定？

我分析後發現其實關鍵是：**「有限的時間」**＋**「關鍵的提問」**。

阿信絕對不是第一天就知道正確的提問是什麼，但他是怎麼找到正確的提問？於是我假裝自己是阿信，我發現關鍵是把現況、想要實現的理想、可能遇到的風險寫下來，中間的差距跟努力就是關鍵提問。（見圖1-3）

關鍵提問浮出後，就能逐一看題解答，以下是我模擬的答案：

一、休學的風險是如果做音樂失敗，就一切歸零回去念書！

二、如果沒有實力把音樂做好，那就努力練習！

三、當下最熱愛的事情就是音樂，沒有會讓自己分心的事！

四、努力把音樂做好，讓人願意等我當完兵繼續支持！

五、可以！但只要把音樂做好，就不用回去念書！

一一列出後，就會發現背後的解法其實是同一個：「把音樂做好，就好了！」最糟就是回去念書，這樣決定不就很簡單嗎？

那時我就發現，人會焦慮迷茫、無法做決定的關鍵就在：**沒有面對現實的狀**

圖1-3　提出關鍵提問的流程

1 Situation 現況	4 Thought Process 思考過程	2 Objective 理想	3 Risk 風險
：	：	：	：
現況條列	**關鍵的提問**	**理想條列**	**風險條列**
1.工作事業轉不過來 2.工作比重很大 3.兵役問題 4.已經簽約	1.我能不能承擔休學的風險？ 2.我的實力能否把音樂做好？ 3.我還有其他會分心的東西嗎？ 4.怎樣能夠在當完兵之後可以持續下去？ 5.最差我還能回去念書嗎？	1.未來很好 2.更加專心 3.當完兵持續事業	1.音樂做不好 2.其他意外分心 3.當完兵別人忘了

況、**沒有面對想要的理想、沒有面對可能的風險**。

不搞懂這三件事就會提出「歪問題」，而歪問題當中又會夾帶情緒，導致情況越弄越複雜，最後選擇逃避，進入負向循環。有沒有發現面對現況時，能夠讓你克服難關的是信念，而信念卻在自己願意面對現況時才會浮現，變成你的答案。這是一個自我探索的過程，也是我把「信念」當作祕密來分享的原因。

當你想要開始面對現況、找到信念時，可以這麼做：

一、空出一段有限的時間。

二、寫出我現在的現實狀況。

三、寫下我想要的理想狀況。

四、寫下我可能的風險責任。

因此我延伸出了一套**「紙、水、天決策法」**，這是什麼呢？我在迷茫焦慮時，會拿出一罐大約一公升的水、一張白色A4紙以及自行規定時效爲一天。一公升的水用來搭配時間限制，我要在一天內把水喝完前，做完「階段性決定」；一張A4紙，是我用來限制空間，要在寫完雙面A4紙以前，把階段性能想到的「現況、理想、風險」寫進去。

接著開始寫下我本來的提問，開始邊喝水邊寫階段性能想到的「現況、理想、風險」，在水喝超過三分之二時，開始列出關鍵提問，然後看著這些提問，思考是否存有有把握的解決方向，如果超過六〇%把握，我就會做，就是這麼簡單！

有發現嗎？我把整個過程當作在看別人的問題一樣，少了情緒影響，自然能客觀面對現況，也能列出關鍵提問跟解決方針，這樣的決策法可以讓你快速面對現況、降低焦慮。

或許你還不清楚具體方向可以怎麼做，建議先學習那些信念跟你接近的人，照著練習看看，相信這個過程可以協助你面對外在挑戰與安撫內心焦慮的！

重點回顧

其實人們會焦慮，無法決定，都是因為缺少一套核心思考問題的方法，這就是所謂的信念！

祕密二

關鍵：每個人都能找到生命中的關鍵，只是缺少發現的方法

我們做任何事情，都要找到關鍵去執行，這樣才能事半功倍。

1 關鍵就是做好一次，可以用一輩子

我不能直接跟你講「關鍵」是什麼，因爲「關鍵」像是一把鑰匙，沒有一定的方法可以找尋得到，也沒有特別的訓練方式來幫助你找到它，因爲它在不同時間點、不同的情況，所產生的樣貌都會不一樣，但我可以跟你說它可能會有的特徵，進而幫助你發現到它。

我常常跟夥伴們分享，**做事要找尋到「關鍵」，才會事半功倍**，不然做再多事情，缺少關鍵，也是白做工。對此，我最常使用的譬喻是：現在要從一樓爬到一〇一的頂樓打開寶箱，你一路拚命衝刺，爬到頂樓時，卻發現自己忘了帶打開寶箱的鑰匙，這時候又得折返回一樓，再爬一次一〇一層樓，才能順利打開寶箱。

那把鑰匙，就是所謂的「關鍵」，就如同我的譬喻，你有了鑰匙，但沒有努力爬上一〇一層樓，你也看不到寶箱內的寶物；同樣的，如果悶著頭一路往上跑，卻沒有帶上「鑰匙」，爬上去之後，也是無法打開寶箱，還會更加氣餒。

我每次只要講到要人們去「做」關鍵的事，都很怕大家誤解我的意思，只去「找」關鍵。事實上，所謂的關鍵，在我的定義看來，就是**一件事情要成功的「最後一哩路」或是「必經之處」**。你懂得發現關鍵，並不代表不用去做其他努力（例如上述譬喻中的爬樓梯一事），很多人誤以爲所謂的關鍵，就是快速捷徑，事實上這是不對的。**關鍵不是「找到」，而是「發現到」**。

這時候你可能會問：「難道一定要執行過才能發現到關鍵嗎？」

在這邊跟大家分享一個故事。我剛開始創業時，其實都跟著直覺進行產品的銷售，那時雖然會賣出一定數量的成果，但要怎麼把我的銷售流程，複製給夥伴們，一直都是我的困擾。

我將自己在進行銷售時所講的話錄下來，並搭配把商品賣得不錯的場合所講的話，做交叉比對。但是從中找不出規律，只覺得是我個人魅力所致，讓我感到相當困擾。到底該怎麼複製呢？

我突然靈光一閃，記起自小就很喜歡看電視購物臺的主持人叫賣，以及夜市、魚市場的拍賣叫賣，於是去找了一些片段出來比對一下……原來我在不知不覺中，學會了幾個叫賣方式，甚至沒有意識到平常的談吐間也有類似的話語，難怪我找不出我的銷售關鍵！

這其實是在不同領域當中，發現到其中的關鍵作法，然後在不知不覺中模仿學習，最後才達成我所認知的「銷售關鍵」，所以任何一個關鍵，都並非無中生有，而是可以透過其他領域的學習與發現，運用到自己想要的領域當中。

後來我把電視購物臺主持人的銷售模式，比對我的銷售模式，發展出一套屬於我們團隊的銷售結構，再把其中最關鍵的幾個部分整理出來，變成一套方法。這成了我們團隊人人都要學習的銷售結構，也是讓團隊可以在行銷、銷售、簡報時，可以有一個依循的銷售框架，一路演進到現在，稱爲**「ACE王牌價值階梯」**的結構，也就是我們在銷售上的「關鍵」，可以用在演講、公司產品研發、客戶顧問流程、客服機制中。這樣的過程，很多人會誤以爲是個獨一無二的創新方法，但背後其實只是不停地發現與學習其他領域的方法，再加以內化成適合自己的模式而已。

這就是我對待「關鍵」的做法，而你也發現，所謂的關鍵，並非「找到」，而是「發現到」，或許我在一開始的時候，就知道怎麼做，但我沒有意識到哪些地方是關鍵，所以導致我後來要培訓夥伴的時候，才會一直培訓不好，事倍功半，十分苦惱！當我回頭探索自己的做法、經驗、跨領域的探索，找到「銷售」的關鍵，並有意識地建立培訓流程、學習指標、範例解析……而這整個過程，就是正在「發現關鍵」，隨著一次次地收斂與探索，最後建立屬於自己的「關鍵」，是別人偷不走的核心，也是屬於你的競爭力。

那我們該怎麼辨認所謂的「關鍵」？我們可以從兩個部分來看：

一、從長久來看，這件事情是否會一直影響你，如果會，那就必須去做；如果也有人跟你一樣正在解決這件事，而他在解決的過程中一直使用了某個方法，那就是你必須要學習的關鍵，越早去做越好！

二、從一個流程來看，這件事情在特定時間內是否避得開？如果避不開，那這件事是不是必須得做的關鍵？

從這兩個面向去思考，慢慢地就能夠掌握所謂的關鍵。

其實許多關鍵都在身邊，但多數時候因爲各種焦躁與慌亂，反而忽視了身旁的一些解決方法，明明答案就在眼前，但卻沒辦法發現，等到繞了一圈之後，才驚覺這是最適合自己且最有效的方式！

如果一樣是在銷售產品，在電視購物、夜市、魚市場、在我自己的產品等銷售場合之中，都會用到的元素，不就是關鍵嗎？如果想要創業，就是一定會遇到銷售的場合，那你就一定要學！早學晚學都要學，倒不如現在下定決心學好，轉化成適合自己的方式，並依此方式訓練團隊，那「銷售」不就是關鍵的事情嗎？

重點回顧

1 關鍵具有影響力，是做好一次可以用一輩子的重要事情。

2 關鍵不是可以「找到」的東西，而是需要在執行一件事情的過程中「發現」。

3 發現關鍵並不代表可以省略其他必要的努力。

2 重複、高效率地做，就會「成為關鍵」

發現關鍵眞的這麼簡單嗎？爲什麼多數人還是無法做好自己的事，達到心中的目標或是功成名就？這背後的關鍵，其實就在於你沒有**「執行力」與「檢討力」**。

發現關鍵只是成爲關鍵的第一步，還要不停地「發現」「執行」與「檢討」，三個步驟不停循環，我稱之爲**「成為關鍵三部曲循環」**。

現在資訊很發達，人們可以透過各式各樣的方法，得到看似「關鍵」的文章或做法，將它收藏起來，認爲自己已吸收了，然後……就沒有然後了，很多人就停留在那一刻。

多數人並沒有「發現關鍵」，只是在大量地「收藏別人發現的關鍵」，就以爲自己已經「發現關鍵」了，而最致命的事情是，因爲沒有快速地執行、檢討，所以壓根不知道這是不是適合你的「關鍵」，等到要用的時候，才慌慌張張、東拼西湊，運氣好的話，解決了當下的問題，就自以爲「學會關鍵」了；運氣不好，執行失敗的話，不會檢討自己，反而還會「怪罪關鍵」，但又不斷反覆同一個循環！這樣就會變成錯過關鍵的負向循環。

其實，我也曾犯過這樣的錯。小時候我是一個有很多小聰明的孩子，老天爺對我很好，給了我抓重點的能力。但與其說是抓重點，不過也就是老師說哪邊是重點，然後我就乖乖背下來罷了，也因此，考試我只看老師畫的重點，考完試之後也懶得檢討，始終抱持著「反正考過就算了，下次就不會再考了」的心態。

之後的數學題目越來越難，用背的也背不起來，我只能反覆看重點、努力地背，但都沒有什麼用，那時，我的媽媽教了我一個技巧：在考試的時候，把自己有絕對把握的題目打勾、不太清楚的題目打三角形、完全不會的題目打叉。

考完試之後，重新檢視考卷上的記號，接著做以下的分析：

一、**打勾**：答對的題目，寫進自己的筆記本裡，並重新思考為什麼對；答錯的題目，就趕快去翻看老師畫的重點，再記錄正確的解法。

二、**打三角形**：答對的題目，回想當時自己是如何推斷出正解的，並重新翻開課本，找到關於這題的相關內容，重新閱讀一遍；答錯的題目，要當作自己完全不會，再學一次，並寫進筆記裡。

三、打叉：全部重念，然後做筆記！

依此方式，把筆記本分類成**「熟悉的」「不熟悉的」「絕對要重讀」**這三類，對當時才小學二年級的我來說，或許沒想這麼多，只覺得整理歸納好之後，就有更多時間可以打電動了，但是之後要準備考試時，都更能掌握重點，因爲我要念的東西不再是課本，而是筆記，所以即使我不是頂尖聰明的人，也能考到不錯的成績，只因我認眞地把「關鍵」念好。到後來不管是創業開公司、開發客戶、團隊管理，都用這樣的方式做筆記一路到現在，仍不停沿用，這就是爲什麼我現在可以更有效地利用時間的原因。

所以說，即使老師給你重點筆記**（他人給你的關鍵）**，但你沒有記憶與練習**（執行關鍵）**，而練習後也沒有檢討、做出屬於自己的筆記與分類**（檢討關鍵）**，也沒有在當下嘗試理解**（發現關鍵）**，當然無法成爲關鍵！更何況，在成人的世界裡，並沒有人會給你重點筆記，如果沒有把關鍵三循環做好，也就是**發現關鍵＋執行關鍵＋檢討關鍵＝成為關鍵**，當然就不會成爲關鍵！

每件事情透過「成爲關鍵三部曲循環」，並將關鍵慢慢地淬鍊出來，時間久了，就一定會有一套屬於自己的關鍵作法的。

重點回顧

1 「發現關鍵的黃金方程式」：成為關鍵在於不停的發現、執行與檢討，三個步驟不停地循環。

2 不要只收藏別人發現的關鍵，而要快速地執行、檢討，才能知道這是否為適合自己的「關鍵」。

3 做筆記時，要反覆看重點、努力練習並且不斷檢討，才能真正把關鍵學好。

4 有效的事情反覆做，把它變成習慣，這樣就可以不用刻意背誦，無意間就慢慢成為關鍵。

3 把自己當成一個產品來打造、設計

如果想要成爲一個在社會上有影響力的關鍵人物，可以去觀察社會上有影響力、有成果的人，他們都在執行的事情是什麼，然後把對應的元素收集好並歸納出一套規則，並把自己的生活、做事方法、處事態度，當作一個產品設計，寫出計畫書，可以用第三方的角度，觀看自己的做事方式，這樣會更客觀。

不要用自己的角度想問題，而是用旁人的角度去想，把自己的成長，當作是一個產品研發或是人員的培訓，這時候就會發現，你能更容易專注在要努力的事情上面，把「我」當作是一個產品來設計與打造。

既然你是個產品，就要考量你的處事風格、用語、行銷方式、商業模式、核心價值、成本、獲利等等，這才是我所認知到的「一人公司」。把自己當作是一家公司去打造，而你就是其中最大的產品設計大師，也是CEO，這樣才能成爲一個**「生活CEO」**。

我漸漸發現，成爲關鍵的做法有無數種，但是成爲關鍵的心態，卻逃不出那幾種。在這樣的狀況下，我列出了幾個我發現到的「生活CEO」關鍵心態，而它們後來也成爲了我發展企業的基底文化，透過大量觀察一些佩服的前輩、合作夥伴還有古人的一切經驗與寶典，揉以自身的經驗後，慢慢盤點出五大關鍵心態金字塔。（見圖1-4）

這五點是我盤點出來，在群體當中成爲關鍵的五大心態！由下往上，順序不可錯置，因爲需要搭配工作年資、時序獲得的幾個態度。

圖1-4　關鍵五心態

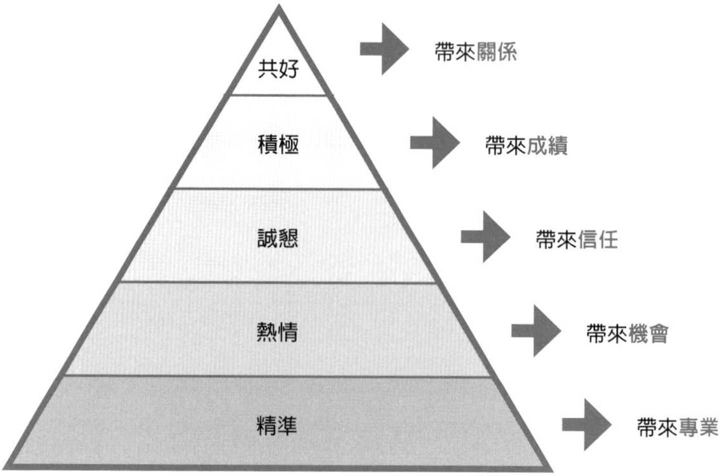

五大關鍵心態

一、精準帶來專業

我是白手起家的，沒有太多的家世背景，如果你也跟我一樣，這時候，你能夠依賴的就是你的專業力，要知道，在你什麼都不是的時候，替人「做事」創造價值，就是最好的敲門磚。

但是多數時候，我們做事並沒有很客觀、精準，這導致累積專業力的速度很慢，進而使你「被看見」的時間變久。所以我發現，要擁有專業力，精準的特質是不可缺少的，因為精準，所以你會想辦法找到對待事情的度量指標，才有能力改進。

所以，如果你想要打入陌生的圈圈，就需要有專業力，**要有專業力，就必須有精準面對世界的態度**！當人們不認識你時，需要提供「被利用價值」才能被看見，而任何一個專業，恰好都是一種被利用價值！

二、熱情帶來機會

當你有專業力時，為什麼人家願意給你機會呢？很多人認為因為機會是天上掉下來的，但我的經驗是，唯獨熱情，才會有機會！

當你有一定的專業力，願意熱情地幫別人解決問題，或許一開始你不一定可以獲取機會，但你一定要保持熱情，投入有興趣的領域中，在有限的能力下，**盡可能保持熱情、幫助周遭的人，提供你有的價值**，這是可以創造與人合作的第二塊基石，這時候你才有可能獲得機會。

或許你會說有很多時候會因此做白工，老實說，我也曾這樣想過，但我後來告訴自己，這些白工，都是我得到更好的機會以前，必須投入的學費，畢竟白工也是機會，你不是得到，就是學到！唯有夠熱情、夠投入，才能換到更廣一點的舞臺或是專業知識！

三、誠懇帶來信任

誠懇，顧名思義，是對人真誠而懇切，但有時候你的真誠可能會是別人眼裡的一根針，你的懇切可能會是別人眼中的雞婆，但同時也會開始發現物以類聚原則，或許一開始的誠懇會讓你少了很多關係，但你會發現，留下來的都會是信任你的人！

有一位前輩跟我說過，多數人都是「錦上添花」，只有少數人是「雪中送炭」，他想當雪中送炭的人，而且不求回報，只要有人因此而度過難關，他就覺得對得起自己，但並非人人都喜歡這種模式，有些人被送炭的時候，反而會生氣。但這又如何？只要堅信自己的想法，會離開的就是會離開，會留下來的，就會有很高的信任，而這群互相信任的人，可以形成團隊、夥伴，未來則可以成爲互相合作的基石。

誠懇位於五大關鍵心態金字塔的中間位置，是很關鍵的樞紐區、執行大型合作案時的核心，這也就是**誠懇帶來信任的原因，同時也是誠懇帶來合作的基石**。

四、積極帶來成績

如果你有一身專業，別人也給你機會，但是你不夠積極面對、處理，最終也不會有成績。所以專業、機會、信任都不能爲你帶來成果與成績，若想要有實際的成績，你需要的是積極的心態。

就好比說一頭狼他有著爪子（**專業**）、獵物（**機會**）、狼群（**信任與合作**），但只要他不拚死對獵物出手（**積極**），那他永遠都會餓肚子！

曾經我也有過類似的經驗，讀大學時，聽聞學校預計舉辦一場研討會，而且剛好是我有興趣的主題，雖然我有辦大型活動的經驗，也有朋友願意幫忙，但我認爲，那不是幾個大學生就可以主動舉辦的，所以我當時就放棄了。後來有機會跟主辦單位的長官聊天，才發現當時他們很缺籌辦人員，所以大學生其實也能當主辦！

因此，我就定下一個自我規矩：如果看到一個機會出現，我會評估自己的專業能力是否有超過六〇%以上可以達成目標，且如果沒去爭取，我會喪失什麼？我能否承擔？如果可以，就帶著熱情的態度去提案，用我的專業講提案；用我的誠懇，論述執行細節與風險評估；最後用積極的態度努力爭取成績！

所以，縱使你有一身武藝、舞臺與信任，若你不積極出手，那你永遠就只是臺下的觀眾，而不是臺上的關鍵一員。

五、共好帶來關係

最後一塊拼圖是打造「我」這個產品的時候，最重要的元素，也是一般人最重要的心態——共好。

我曾經看過一部電影《陣頭》，在講兩個廟口的迎神團隊之間的鬥爭，其中有一個片段，是主角與對手這兩個團隊要先經過一場比賽，看哪個團隊最先爬上山頂，誰就可以獲得一個到國外演出的機會。其中，對手的老大一直趕路，心裡只想著要贏，結果自己的團員滾到山下，他都視而不見，這時，主角團隊原本是領先的狀態，看到有人滾到山下之後，就帶著團隊去解救！

最後，敵對陣營的老大一個人先爬到山頂，一直喊著他贏了，但回頭卻看到，他的團隊與主角的團隊，攙扶彼此，一起慢慢地從後方走上來，他臉上的笑容瞬間沒了……這時候主角跟他說：「我們不是互相鬥爭，我們是一起把陣頭文化表演給更多人看到，讓大家一起變更好，而不只是這樣拚輸贏！」後來他們就合併成一團，一起將國外的演出機會表演好，也因此得到更多人認識與尊重。

任何時候，打開關係的方法是提供專業，但能有長久關係的方法，是共好。

這也是我認爲成爲關鍵，最重要的一個心態，當你能包容最多共好的智慧與做法時，那也是最關鍵的一環。任何一個挑戰其實都跟登山一樣，都是從山腳下，慢慢地往上攻頂，當你成功攻頂時，也就在不知不覺中，變成團隊裡的關鍵角色。

打造關鍵自我的過程，其實也是建立屬於自己的信念的過程，從中試著面對心中各種人性弱點（恐懼、慌張、焦慮、無所適從……）並了解成爲關鍵的五大拼圖（專業、熱情、誠懇、成績、共好），從中找到平衡。

我很喜歡《航海王》這部動漫其中的一個角色騙人布。他其實是一個正常人，並沒有主角的威能或是作者偏愛，就只是個單純的平民百姓。他曾經在作品裡說了一句話，我認爲是整部動漫當中，最經典的一句話：「**勇者並非無所畏懼，而是明知道自己抖著腳，也要打磨自己，勇敢邁進。**」這其實就是從信念到關鍵的最核心觀念，我們不能保證在未來絕不會遇到任何痛苦與困難，但我們必須要有一個信念、知道關鍵長什麼樣子，接著努力地用各式各樣的方法，去達成這個關鍵。

不論你是個人、學生、工作者、高階經理人、創業者等，「信念」「關鍵」這兩個祕密，有如「你」這個產品的框架，依循這個框架，未來還會再發現到更多的法則，也會慢慢地發現更多的關鍵。

重點回顧

1 成為關鍵需要具備專業、熱情、誠懇、積極、共好五個特質。

2 五個重要的心態：精準帶來專業、熱情帶來機會、誠懇帶來信任、積極帶來成績和共好帶來關係。

3 專業是成為關鍵的爪子，而機會則是獵物，信任則是團隊，積極則是成果，共好則是關係的關鍵。

4 面對自己的困境和挑戰是成為關鍵的第一步，透過基礎框架不斷提醒自己，才能發現更多法則和成為心中的關鍵。

02

第二部
面對個人成長，你要相信「成為關鍵的那個自己」

如果你現在才二十歲出頭，那你很幸運，比多數人起步得早，知道成長的重要性。或許現在手上還沒有太多資金，但要知道，此時此刻的你，最多的就是時間，要把時間投資到自己身上，幫助自我成長。

如果現在的你差不多三十歲左右，或許可能有點焦慮，因為你已經開始步入下一個年齡階段，過了三十之後，你所需要的是加碼投資自己的身體、腦袋、事業、家庭、觀點、格局，這時候你的成長不是成長，而是對你人生的巨大投資！

接下來的四個法則「盤點」「分析」「簡化」「發現」，不論在哪個階段，都是投資自己成長的基本功。這段時間很枯燥，但也很簡單，只要一直執行這四個法則，就會看到你的成長投資曲線慢慢地上升。

法則一

盤點：多數人都沒發覺自己就是那位強者

盤點的過程中，必須要探索「本質」，
如果只是追求表象邏輯，
並沒有深入了解背後的關鍵，那只會一直瞎忙。

1 定期盤點自己過往的成果

你的成功需要感謝很多人，但第一個要感謝的人，是曾經在無數夜晚與痛苦中，打拚堅持下去的，那位走過來的自己。當自己回頭看曾經走過的路時會發現，或許自己還不弱，其實還滿強的！這就是我第一個要跟你分享的法則，也是最多人常常忘記的一件事情：盤點。

我每隔一段時間就會進行盤點，每週一個小盤點、每季一個中盤點、每年一個大盤點、每五年一個巨型盤點。

爲什麼我會這麼貫徹盤點？什麼是盤點？

盤點就是客觀地把曾經做過的事情，不論好壞，依照時間次序與分類，一一條列下來，接著再進行檢視與總結，提出下一步方針。

之所以這麼重視盤點，是因爲過去的我一直認爲，面對未來最好的方法就是往前衝，就如同攻擊是最好的防守一樣，這也是兒時玩電動時自己體悟出來的道理。

小時候打格鬥遊戲時，我怕被打掉血，所以一直後退防守，但後來發現防守只是讓血掉得比較慢，要贏，就必須不停地攻擊才可以，沒想到這個道理一路運用在讀書、比賽、打球，甚至商業競爭上面，直到我面臨首次品牌創業失敗的時候，開始深深地自我檢討。

我發現過去歷經的失敗都是差不多的類型，頓時恍然大悟：該不會一直踩進一樣的坑吧？在念書的時候會針對錯誤進行分類、改進並寫下解決方針，那為什麼在創業的執行策略上沒有這麼做呢？

所以我從頭到尾地回想這次失敗的經驗，進行一次地毯式的檢討，這時候才發現，有很多細節想不起來了、能夠盤點的東西少很多，所以要寫出針對性的改變時，都覺得「卡卡」的。之後我把過程中曾經使用的文件、合約、影像等相關物品都盡可能地找出來，這過程花了我很多時間，但也讓我看到不一樣的東西。

盤點的過程中，我看到夥伴、感激、自己的努力以及團隊的優秀，這跟我原本預設看到的東西不一樣，我原先想要檢討自己，但後來才發現，其實整理除了「腦袋以外」的資料的時候，會發現曾經的自己與團隊是多麼的優秀！

創業失敗在很多時候是因為當下沒有做出正確的決定並確實地執行，而非做錯了什麼事，換個角度來說，做錯事情本身並沒有想像中有著如此大的影響力，大多都是沒有持續做正確的事情，才會以失敗坐收。

那爲什麼不持續做正確的事呢？

後來我才知道，人們會在無意間放大自己的過失，而不會看到當下的小成功，但要能夠獲得最終的成功，需要的是**不停地累積小成功**，所以要反覆執行可以讓自己成功的事情，就是「關鍵」。如同打格鬥遊戲時，如果想要贏，不要一直想著要出大絕招，然後一直失敗，最後被打死，而是試著扎實地打出會讓對方掉血的小招式，然後連招不停地打，會讓自己掉血的動作少做，長期下來，就能夠贏得那一場戰鬥！

而盤點的最大用意，其實就是看到這些小成功以及一些失誤，使小成功不停地累積，進而能夠在未來避開失誤。多數人會避開失誤，卻忘了更關鍵的「持續小成功」！在生活當中，必須不停地關注自己那些「持續的小成功」，然後從不經意，變成能夠自然連招出擊！

但盤點就難在這邊，要能夠分類出失誤跟小成功，需要的就是客觀，所以當我體悟出這個道理之後，我依舊認爲攻擊是最好的防守，但不一樣的是，我們要學會回頭看過去有哪些小成功，並把它們保留下來，再次重現那些小成功。

重點回顧

1 面對自己過去的成就與失誤是克服困難的第一步。
2 盤點是了解過去成就以及制定未來方針的重要工具。
3 盤點需要客觀，要能夠分類出失誤與小成功。
4 小成功必須不斷累積，失誤需要避免，但更重要的是持續的小成功。

2 看起來很厲害沒有用，只會累死自己

很多時候，我們遇到困難時，第一時間會想去找「解答」，但是這些解答可能都只是表象解法，如果只是無意識地學習，就會發現做了一堆，卻累個半死。

我很喜歡《灌籃高手》這部作品，其中有一個橋段，是櫻木花道爲了要在之後的比賽能更有效地得分，教練把他留下來在暑假進行特訓，七天要投兩萬顆球，我在這裡看到了最關鍵的一件事情。

櫻木剛開始都投不進籃框，他感到很生氣，甚至摔球，但是教練也沒有阻止他，因爲教練事前請櫻木的好友們在場外側錄這一切，等到櫻木投了幾次之後，教練才叫他們出來，播放剛才他投籃的影片。

櫻木一開始看自己的投籃影片時，覺得自己怎麼這麼蠢，動作不好看還發脾氣，甚至還怪拍攝的人，不承認那是自己。最後教練跟他說：「這就是你的現況，回想一下，你的

對手投籃時的姿勢，跟你在影片裡看到的姿勢，哪裡不一樣？」

於是他們一群人在研究櫻木哪些姿勢很醜、哪球不小心進了、原因是什麼、哪些地方跟他的對手很接近……這時，教練跟櫻木說了我覺得很有智慧的一句話：「攝影機只能記錄你當下的樣子，其中的細節，你要認眞去看、修正，然後一直練習投進兩萬顆球，練到極致！」這不就是我說的面對、盤點、分析、執行嗎？（見圖2-1）原來早在我小學時就已經接觸過這個道理，但沒有落實在自己身上。

當時看到這段話，只覺得感動，但現在，當我開始盤點的時候，我不僅看到了各種紀錄，還看到自己過往的打拚、團隊

圖2-1　《灌籃高手》的練習流程，
其實背後的道理就是面對、盤點、分析、執行。

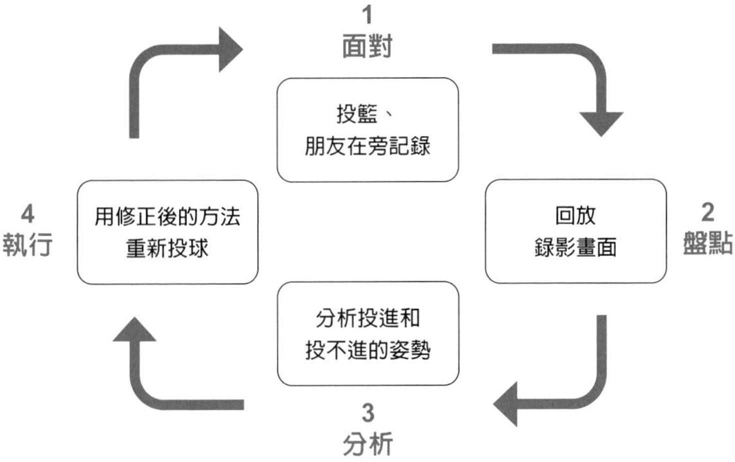

的支持、貴人的幫助……這些都是在盤點的路上，才會發現到的！

而且在盤點的過程中，**你必須學習對手的強大或是接受外來的建議，然後融入過去盤點出來的資料，並進行保留與修正**，這反覆的過程中，其實就會一直精煉屬於你的本質作法。這就是爲什麼我會把「盤點」，做爲發現關鍵的第一法則！很多時候我們選擇不停地找出更厲害的方法，但其實只會讓人「越忙越累」，事實上，更正確的做法是透過盤點，發現所需，再開始進行外部求援，而非瞎忙。

這就是爲什麼後來我的團隊夥伴，只要出事情，我第一時間都說：「開啓盤點會議。」因爲唯獨盤點的時候，一方面可以重建大家信心，二方面可以找尋破口與解決方案，是一個事半功倍的方法！

重點回顧

1 盤點是找到本質的第一法則，要透過探索本質、分析、執行來解決問題。

2 盤點讓你發現曾經忽略的事情，進而發現優勢和解決方案，找到突破口。

3 盤點能重建信心，找到解決方案。

4 不要只追求表象邏輯，要透過盤點找到本質。

5 在盤點的過程中，需要面對困難，進行分析、探索本質和執行。

6 盤點後再找外部求援，進行內部改善，可以事半功倍。

3 盤點的關鍵在於如實地面對與記錄

如同櫻木花道的例子，其實盤點最困難的兩件事情，**一是要有信念去面對，必須嘗試相信自己，面對那一些軟弱的人性，二就是「記錄」**。

大多數盤點失敗的原因，就是因爲沒有留下紀錄，只用腦袋回想，但也就像我先前所說的，用腦袋記錄，會損失很多細節，甚至只會留下負面資訊，所以很多內心不夠強大的人，在盤點的過程中就會進入「自責循環」。

人類最初就是因爲能夠先想到一些悲觀的事情，於是預先制定解決方案，所以才能夠演化成地球的霸主，也就是說，只用腦袋盤點且沒有經過訓練，大概只會盤點出負面的事情來，所以「記錄」就很重要！所以我才會如此高密集地盤點自己與團隊的所作所爲，一方面是確保有記錄到，二方面是可以及時修正。

跟我共事的夥伴們都知道，我很重視日報、會議紀錄、週報、活動紀錄、專案紀錄等，我不會用此做爲考核的標準，但我會告知夥伴：「當你回頭盤點 debug（除錯）的時候，有了紀錄，可以省下很多時間，而且客觀。」

至於記錄的方法，因人而異，但掌握一個大原則：**依時間順序、相關角色、畫面輔助、時間花費等幾個關鍵指標進行記錄**，這都是對後續的分析，會很有用的參數。

像我最常用的盤點工具，就是紙筆跟照片！現在手機很發達，你遇到一些事情，就拍下來，或是當下手寫一寫，再用手機記錄下來，手機拍照的時候會註記時間，所以當回頭盤點的時候，會有畫面、時間、筆記、相關角色，都記錄下來了，然後一整天下來，再搭配日報做綜合盤點，效果就會很好！

當你如果現在覺得自己不如意、卡關，或是很沒有信心，我想跟你說的是：「去盤點吧！最好還可以把盤點變成定期習慣！把以前做過的一切都盡可能地找出來，搭配一點點大腦去盤點，盡可能地客觀依序盤點，你會找到方法與重拾信心！」

重點回顧

1. 記錄是盤點過程中不可或缺的一環。
2. 紀錄可以依時間順序、相關角色、畫面輔助、時間花費等指標進行。
3. 將盤點變成定期的習慣，找出過去做過的一切，並客觀地進行盤點，這樣可以找到方法並重拾信心。

法則二

分析：如果沒有掌握關鍵，做到死都無法成功

分析其實很花時間，但是如果不做分析，就永遠掌握不到關鍵，會一直事倍功半。

1 不要用「我很努力」當作藉口

多數人沒辦法發現錯誤，是因為缺少清晰地面對自己的流程，這就是爲什麼在「分析」之前的法則是「盤點」。很多時候我們要掌握關鍵，就必須學會分析，但是多數人沒辦法分析的原因，是盤點不夠仔細，導致無法分析，而我們要分析的就是自己盤點出來的點滴，其中最重要的是做事流程，而所謂的流程，不過就只是**「角色、輸入、順序、輸出」**四大部分罷了。

如果說已經可以有效地盤點自己了，該怎麼開始分析呢？

多數人都使用「手腳的勤勞」，卻忘記發揮「頭腦的勤勞」，這就會造成可能很拚命地做一件事情，但卻始終做不出成效與價值。可以試想你每次在考試前都是翻開課本，從第一頁看到最後一頁，看完之後開始做題目，但爲什麼還是考差了？是不是「讀書的流程」出問題了呢？因爲你只是反覆地加強讀書的量，更專注地做題目，更用力地背老師講的重點，這就是我所說的，沒有在「流程上分析」，只做「錯誤流程的強化」。不只考試，如果仔細回想，會發現在工作、生活、人際關係、家庭，都很有可能會出現類似的案例，這些都是因爲只「勤勞」手腳，卻忽略了「懶惰」腦袋。

這是一個很正常的情況，就腦科學的角度來說，人類並不喜歡動腦，因爲很辛苦，所以一旦有件事已有固定的進行模式，大腦就會下意識地「一直這樣做」，這也是爲什麼多數人會事倍功半的原因：**沒有進行自我流程分析**。

我們一樣用考試的例子來說，如果考差了，我盤點考卷與自己的上課筆記並做分析，發現在上課時所寫的筆記根本就是廢話，完全沒有抄到重點，於是向班上排名第一名的同學借筆記來看，發現老師講重點的時候，他著重於畫關係圖來幫助背誦，更發現他考前花時間讀的是自己的筆記，而非課本。

這時候進行分析，評估自己是否適合用圖形記憶，如果適合，也嘗試用畫圖的方式做筆記，強化「筆記之間的關係」，並把自己的筆記念到最熟，每次考完試之後，就把自己不熟的部分，再補充回筆記裡面去。

其實這時候我就已經在分析「流程」了，透過分析的過程，看過去的作法，再比對更優秀的外部作法，然後找到適合自己的方法，重新制定新的流程，我就是用這樣的方式，考上第一志願的。

以上過程，其實就是你正在「勤勞腦袋」，分析自己本來沒有效益的工作流程。

重點回顧

1 先進行盤點，了解自己的流程，找到問題點。

2 分析自己的做事流程，包括角色、輸入、順序、輸出等。

3 動腦的勤勞同樣重要，不要只注重手腳的勤勞。

4 分析自己的流程，找到問題點，重新制定更有效率的流程。

5 可以透過比較自己的作法與其他優秀作法，找到適合自己的方法。

2 不努力的人，連失敗的資格都沒有

我很常講一句話：**「失敗的人一定都很努力，因為不努力的人，連失敗的資格都沒有！」**但是，如果你只有努力，那可能要思考一下是不是掉入了「我很努力了」的陷阱。因爲人們下意識地用手腳勤勞，而忘了腦袋勤勞更爲重要，所以越是努力的人，越容易掉入這個陷阱，也因此常常看到一個人工作、念書都很認眞，但還是無法取得關鍵成果的原因。

因爲沒有針對流程進行分析、優化，一心只想著希望可以得到更好的成果，但卻忘了，你必須先努力過，才會得到第一版的流程，然後再努力一段時間，才有足夠的紀錄來盤點，但是，很多時候就少了盤點，一直拚命努力，就會掉入「卡關努力」的陷阱。（見圖2-2）

這時候或許會有一點成果，但會發現越來越吃力，如果運氣好，第一次就可以找到相對有效的流程，可能可以一路努力上去，但是，如果這時候卡關，就會無所適從，此時就需要用「盤點」＋「分析」來進行自我工作流程探索，發現對應的關鍵再進行優化，甚至整個流程都要從重設計過。

我也曾經在公司現金流很糟糕的情況下進行產品設計，當你的業績不好時，會下意識地根據市場的需求，一直增加功能，但這就是個會讓人進到地獄的深淵，更可怕的是，很多書籍、前輩都會說關注市場缺少什麼，就去做什麼就對了，那時候我也是一直耗費資源去做，最後發現賠

圖2-2　卡關努力陷阱示意圖

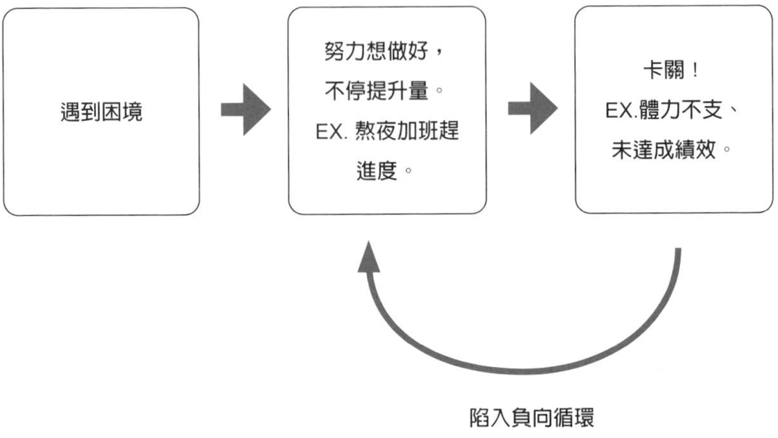
遇到困境
努力想做好，
不停提升量。
EX. 熬夜加班趕
進度。
卡關！
EX.體力不支、
未達成績效。
陷入負向循環

了夫人又折兵。後來才想起我以前會先回頭分析，所以開始花一點時間回頭盤點、分析，因此找到突破口，最終度過難關。「怎麼可以期待用上一次失敗的方法，達到這一次的成功呢？」是我每次卡關的時候，常常跟自己說的一句話。

其實分析「流程」並不困難，困難的是要克服人的「本能」，也就是只想用以前的方法去執行的本能。

重點回顧

1 在做事上，盤點和分析是非常重要的步驟。

2 多數人沒辦法分析的原因，是因為盤點不夠仔細。

3 人們都希望可以成為「不可取代」的人

想成爲不可或缺的人，就需要知道自己面對的群體「缺少什麼」，所以當要進行分析的時候，不僅要分析自己，還要分析「自己待的環境」，在商業上會說這是供應鏈分析，簡單來說就是在一個整體的流程當中，自己在其中的角色，是屬於可有可無，還是不可取代的？如果可以取代的，那取代性又是哪些東西？這是很重要的分析方法，在個人成長發展上，得對你所要發展的整個領域、環境或是團體進行分析。

所謂在環境中「成爲關鍵」，那就必須要了解環境的關鍵是什麼，所以要盤點整個環境，然後進行分析，環境的工作流程，你可能無法改變，但你可以去了解哪一個工作階段是影響重大的。有時候專業或是能力在A領域或階段是不被重視的，但是其實在B領域或階段是十分重要的，所以要搞清楚自己身上的武器，在哪些地方是能夠發揮的。

該如何獲取這個工作階段的機會，是否有這個階段的專業，又或者是該準備哪些事情才能慢慢往這個階段靠近，就是自己要去努力的，這過程要很了解自己在整個階段當中的角色與定位，這時候就衍伸出「分析」的潛在關鍵：**定位**。

其實在分析自己的工作流程時，同時也是在分析流程是否有誤或哪裡有需要優化，但是在分析環境時，就要知道整個環境中，每個工作階段的定位是什麼？當分析完自己與環境之後，就還必須分析自己在環境中的定位。（見表2-3）

社會是由很多人組成的大架構，任何人都是這個架構裡的一環，所以，你是否了解自己在其中的定位與角色，就格外重要！我常跟人分享：「**會什麼東西並不重要，關鍵是知道自己會的東西在哪裡可以幫上忙！**」這句話其實就是定位分析。所謂「不可或缺的人」其實就是你很清楚知道整個環境的流程，而你所處的工作階段，剛好就只有你能勝任，且影響重大！所以很多人都

表2-3　分析自己與分析環境的差別。

分析自己	分析環境
好的：如何持續保持	分析處於哪個工作階段
壞的：如何改善優化	在這階段的角色定位
	在這階段需要擁有什麼專業能力

會去搶很關鍵的工作階段，但其實這一點都不必要，你只要做到，**那個位置由當下的你來，是最適任的就好！**

所以說人人都可以成爲關鍵，關鍵要在適當的時間，剛好你是最適當的人，而你又能勝任，這才是分析環境的最主要重點！**透過分析自己，讓自己隨時可以成為這個角色，才是分析的關鍵！**

重點回顧

1 想成為不可取代的人，必須進行環境分析。

2 環境分析包括工作流程、影響重大的工作階段、在整個階段中的角色與定位。

3 針對影響重大的工作階段進行專業準備與努力。

4 最終成為關鍵人物的關鍵是，在適當的時間剛好是最適當的人且能勝任。

法則三

簡化：或許答案本身很簡單，是你想得太複雜了

透過簡化，
將盤點與分析出來的東西進行優化與探索答案，
慢慢地就能浮現出關鍵。

1 小學老師教的基礎功，竟是自我成長的最強武器

有時候是因爲把事情複雜化了，所以才分析不了、發現不到關鍵，也因爲複雜化了，所以盤點的過程中雜訊太多、不好分析。從過去的經驗來說，越是困難的題目，其實背後的解決方案，會出現在越簡單且意想不到的地方，但也有可能是因爲本來的問題沒有想像中複雜，是因爲「人」，所以把情況搞得複雜。

我在管理與領導團隊的路上其實吃了不少苦頭，一直以來，我都是屬於「自治型」的領導者。什麼叫自治型的領導者呢？簡單來說就是「相信人都會進步，只要帶著大家往目標走，大家自然會找出方法」。很多領導管理的背後邏輯是這樣沒錯，但是要確保整個團隊都要有「一直進步」與「質量穩定」的產出，恰好傷透我的腦筋。因爲我所待的產業都是腦力密集型的產業，縱使有工作產線的概念，但其中的關鍵在於人員的「創作與思維品質」。

一開始卡關的時候，我會很認眞地去想制度與SOP，希望透過這兩項管理工具來提高夥伴們的平均生產品質，但後來發現，我們產業的關鍵在於「思維的成長」，所以我爲大家提供了許多教育訓練，但基本效益還是沒有太大的起色，因爲思維品質本身就強的人，會一路越做越好；思維品質平庸的，就會掉隊。

我想，如果提升思維品質是這個產業的根基，那有效的方法不就是盤點跟分析嗎？但發現到多數夥伴無法正確應用，又或者是爲了要寫出好的分析與盤點，結果損傷了執行力，這眞的讓我頭很痛，甚至曾經思考過，是不是只有強化「篩選」才是唯一解方？

後來我想到小學的「聯絡簿」與「訂正考卷」不就是我所講的盤點與分析嗎？聯絡簿即把一整天做的東西寫下來，以及寫下明天要做的事情（**盤點**）；訂正考卷即是把正確的內容記下來，將錯的內容筆記起來（**分析**）。

聯絡簿與訂正考卷的概念後來就被我改良成「日報：每日五問法」，成效非常好。換個角度說，盤點是列下一整天在做的事以及明天要做的事，公司不會根據內容打考績，但是要照實做，唯一的考績就是有沒有交，在我們公司稱之爲「日報」。

日報內，有五個問題要回答：

一、今天哪些事情做得很好？
二、要怎麼保留下來？
三、今天哪裡要優化？
四、該怎麼優化？
五、下一步要做什麼事情？

以上我稱之「每日五問」，要寫在日報裡面，每天都要交回來給我與相關主管看。當堅持這樣做之後就會發現，把日報與每日五問做得好的人，整體績效就會持續上升，自己的成長能力也會變好，反之，沒有確實做的人，能力沒有上升，工作績效也會出問題。這時，我的管理成本跟著下降了，管理指標也變簡單了，這不就簡化了嗎？

所以我信奉一個準則：處理事情時，一定是先掌握有哪些簡單的事情，做了就可以立即獲得六十分，然後拚命地反覆執行，並從中修正出最適合自己的方式。

雖然從上面的例子來看，我也會在一開始的時候面臨卡關，所以要時刻提醒自己，**「簡化」才是最根本的思考關鍵，畢竟發現關鍵的過程中，多數都是違反人性的。**

重點回顧

1. 複雜問題的解決方法通常是簡化，將問題拆解成基本，並且從中找出最根本的解決方案。
2. 小學老師常用的「聯絡簿」與「訂正考卷」是解決思維品質問題的好範例，透過每日五問法，讓團隊逐漸提升思維品質與工作績效。
3. 管理指標可以透過簡化，讓管理成本降低，同時提升團隊績效與思維品質。

每日五問模板

2 從孩子的視角，找到解決問題的關鍵

世界是由人組成的，人性才是世界的根本，所以從最純粹的人性角度去觀察，就會比較容易發現答案，也就是說，當你卡關的時候，或許看看小朋友怎麼應對，或許可以得到關鍵的解決方法，而這恰恰好是「簡化」的最高指導原則，從小孩的視角看世界，必須簡化很多長大後才學到的知識，也必須思考，如果現在要你向小孩解釋那些分析好的事物，該怎麼解釋才有效？舉例來說，如何把賓士車的好說明給小女孩聽，就必須用她的角度去說明，這種換位思考，其實就是簡化的過程，這樣簡化完之後的產物，就會離「本質」越接近，離本質越近，就離「發現關鍵」不遠了，這也是爲什麼愛因斯坦會說：「如果沒有把一個深奧的理論，讓三歲小孩都聽得懂，就代表你還不夠深透這個理論！」

所以當你運用小孩的觀點看世界的時候，或者是你看到小孩在童言童語時，又或者是幼教老師在教教孩子時，所運用的教材，你都有可能需要認眞地將它們都抄進你的筆記

裡，或許是一個可以在未來幫助你解決困難的靈感庫來源！

古人聖賢曾說過一個道理：「保有赤子之心。」因爲懂得用小孩的角度看世界，同時運用成人的專業與理解力，往往能在不經意的時候，幫助你找到解決問題的方法，透過小孩的解決方法，其實也可以探索人性最本質的思考方式爲何，在行銷、管理、領導、產品設計、制度設計……有很多方面都可以用類似的方式來簡化。

重點回顧

1 透過用小孩的角度看世界，可以發現簡單的關鍵，因為思考方式比較純粹，不會被過多的知識干擾。

2 簡化解決方案或問題，並用小孩的角度去簡化，可以更接近本質並找到關鍵的解決方法。

法則四

發現：一切都是最好的安排，關鍵在於你有沒有「發現」

世界上從來不缺少解決方法，
但缺少發現「解決方法」。

1 重新以第三者的角度審視事件

每當遇到困難的時候，我就會想起一個小時候自己覺得很糗的一件事。

我很怕水，所以父親常常帶著我去學游泳，當時我很認眞地注意別人的手是如何划水、腳要怎麼踢，但也因爲太怕水了，所以十分地小心翼翼，深怕一個不小心就喝到水，結果在淺水區練習的時候，一個重心不穩，喝到一大口水！當下我很慌張，一直在水中掙扎、亂拍水。還好父親當時就在附近，趕緊過來我身邊，但他過來的時候，只是扶著我的肩膀，請我穩定平衡，接著叫我「站起來」。

沒錯，在淺水區，依我當時的身高，只要平穩地踏下去，站起來，就足夠讓肩膀以上都露出水面，完全不需要任何幫助！

糗歸糗，當時我在心裡想的卻是：「我明明在淺水區練習，爲什麼我沒想到要把腳踏到地面，站起來就好？」

當時年紀還小，還沒有理解盤點、分析、簡化等關鍵步驟，只有在回家的路上，一直問父親我到底在幹嘛，腦中也一直回想當時「溺水」的情境——其實這已經是在嘗試做盤點與分析了。我不斷想著自己怎麼會不知道只要把腳伸直、站起來就好，所以才一直向外探索（詢問父親我在幹嘛），但實質上，這整個過程，就是「發現」的過程。

後來發現，當時我很緊張，旁邊沒有人也沒有東西可以抓，恐懼很快速地塡滿了我的腦袋，也因爲前一刻自己很專注在划水與踢腳，所以腦袋完全沒有多餘的空間，可以觀察周遭更多資訊，導致我「忘記」站起來就好。

這整個過程，透過父親的敘述，再加上我的回憶，反覆地探索當時的心境、所作所爲、動作，才慢慢地還原「案發現場」。

然後我問了父親一個關鍵的提問：「吃水的時候要如何不緊張？」

自小就諳水性的父親說，多數人在水中難免會遇到抽筋、被水母螫到等各式各樣的問題會導致吃水（他是在海邊長大的孩子，跳到海裡玩耍、游泳是日常），但不論遇到哪個問題，「第一時間要讓身體飄浮起來，先彎曲膝蓋，將手抱住膝蓋，身體成蜷曲的姿勢自然會平穩，接著把頭抬起來，吸一口氣，然後再一邊想辦法，不能讓體力耗盡。」

聽完父親的講解後，我覺得自己好蠢，因爲道理不是很簡單嗎？重心不穩，就穩定平衡；吃水，就先不要吸氣，讓身體浮起來，然後找解法，不是很簡單嗎？

因爲吃水而忘了踩地的故事，就這麼深深地記在我心裡，後來我發現多數時候，之所以當下解決不了問題，最大的原因是「整個腦袋被恐懼所占滿」。長大之後經歷各式各樣的事情，我都會告訴自己：「不要急，想想那次丟臉的吃水事件！」其實人都一樣，當你被一堆恐懼包圍的時候，會讓你無法呼吸、看不清楚世界、找不到解決方法，此時你就會忘了自己有多厲害，忘了觀察旁邊的一切，去發現有什麼解決方法可以如何幫助自己。

這個過程是困難，且需要訓練的，方法很簡單，**只要用第三人稱的視角，一直觀察當時自己所發生的事情，然後回想當時的狀況，並嘗試找到解決方法**！好比我的吃水事件，我會以第三人稱的想像視野去看溺水的我，並思考：「爲什麼這個人會在淺水區溺水呢？」用旁人的角度去看當時自己的狀況，會看到更多不一樣的細節與可以優化的地方。

後來才知道這樣的方式，在體壇很常使用，這叫做**「冥想練習」**，其實就是透過想像自己反覆做那件事情的過程，去探索、發現更優化的解決方法。

後來將之運用在我做事的邏輯上，其實就是認眞地做好盤點、分析，才能發現要解決的關鍵，再搭配簡化，進行關鍵的發現。

重點回顧

1 解決方法等待你去發現，但恐懼和慌亂會影響你的發現能力。

2 透過反覆重現的方式，去探索、發現更優化的解決方法。

3 冥想練習是一種常用的方式，可以幫助你發現更好的解決方法。

2 有時你需要飛出森林外，才能看到整座山的全貌

在我小時候，曾經很羨慕《哆啦A夢》裡的大雄，但我羨慕的不是因爲他有哆啦A夢，而是他有一臺時光機，因爲如果擁有一臺時光機，遇到任何事情，都可以回頭去修改！

但後來我才發現，這一點都不切實際，如果我回到過去，但卻記不住曾經發生過的事情，這樣我回去還是會做一模一樣的蠢事——這就是著名的時空悖論，在電影《時光機器》中，就論述著這樣的故事：主角是一個年輕科學家，爲了挽救意外喪命的未婚妻，因而發明了時光機器。然而，不管他如何拚命挽回，未婚妻總是以各種方式離世。在探索未來時，他意識到一個令人困惑的循環——若未婚妻未死，他將無法獲得創造時光機的動力。這個悖論讓他陷入了無解的困境。

想要解開這道謎題，就必須跳脫循環才能看見答案。畢竟，每個當下的決定都是當時

最好的選擇。

不論你事後再怎麼後悔，再怎麼用各種方式重新抉擇，只要沒有帶著你現在的智慧回去，你就還是會做出一模一樣的決定。即便如此，我還是在想：該怎麼做才可以擁有自己的時光機器呢？

長大後，當我嘗試做自己想要好好發展的事情，雖然第一次我可能會做錯，但只要第一次失敗在可以控制的範圍內，且把過程好好地記錄下來，第二次執行時，認真地以旁觀者的角度尋找解決方法，這不就等於擁有跟時光機器類似的東西嗎？也就是說，**在第一次執行時，「預先知道」後面即將會發展的一切**。

又或者是某件我想要做的事情，別人已經做過，或是和我遇到的困難相似，但我很認眞地把他人執行的過程記錄下來，並在旁觀察，當換我親自執行時，我也可以預先知道即將要發生的事情，這不也就等同於擁有時光機器嗎？

這時我才發現，原來我想要的不是時光機，而是「預先發現」，**當我們能用第三人角度看整件事情，其實就做到了跳脫框架、預先發現這一步了**。這也是爲什麼我發展「盤點」「分析」「簡化」這三大法則，就是爲了讓我能夠「預先發現」解法，而所謂的預先看到，不過就只是從旁人的角度先看到罷了！

「預先」是一種時間概念，只要早於當下知道的事情，就可以是預先，用這一個概念去想事情，其實在無意間就會發現解法。

現在科技很發達，你可以在網路上找到各式各樣的影片，每支影片可能都是很久以前拍的，這不也是「時光機」的概念嗎？

書本更是如此，我們所閱讀的每一本書都是一臺時光機，都是作者當下的心情或想法，以文字方式記錄下來，且帶到讀者面前，而我們所需要的就是發現，並用在自己身上！

重點回顧

1 一切都是最好的安排。你當下的決策，就是過去的你集大成的決定。

2 做任何事情都不要後悔，你需要的是讓下次更好。

3 如何「預先發現」解決方法？透過盤點、分析、簡化、發現的四個不斷的循環來達成目的。

03

第三部
面對工作挑戰，你要擁有「滴水穿石」的習慣

或許在前面的階段，你已經開始知道怎麼面對自己、幫助自我成長、投資自己，讓自己更接近不凡的關鍵了，但在面對工作時，你所需要的是強化法則一到四，而且要更加精準地運用。

一個人的生活當中，有超過三分之一的時間在工作（甚至更多），雖然說，很多人可能只把工作當作是「收到錢」的過程，但我想告訴你的是，職場其實是實現自我成長的最佳場合。

法則五

總結：一切關鍵的祕密，來自客觀的「總結」

在職場上被人看見的關鍵，
在於你有沒有「總結」的習慣。

1 通常答案藏在你不經意做對的事中

生活中，最浪費的一件事情，就是在工作中，敷衍了事、虛度時間。相信很多人都想要在工作中有好表現、想得到更好的機會與待遇，但同時你也會覺得很氣餒，因爲很多好機會總是輪不到你……到底是爲什麼呢？其實，你的能力不差，也很願意承擔責任與成長，更不想要在工作上虛度時間，你希望自己有所表現，但該怎麼做呢？

其實很多職場上優秀的領導者與工作者，都知道善於「總結」是一個很重要的關鍵，因爲它可以將你的自我成長與工作領域做綜合處理。

那「總結」跟「盤點」有什麼不同呢？

「盤點」更多時候是把過去的紀錄，如實地呈現出來，但是總結，需要把你盤點的成果，加上你對該領域的分析與發現簡化後，具體地條列出本次的結論。簡單來說，「總結」是經過分析、簡化、再次發現後的結論，而「盤點」只是將現有的資料如實記錄下來。

一個優秀的工作者，善於對自己的工作總結；一個優秀的管理者，善於幫團隊一起總結；一個優秀的領導者，致力於幫相關利害關係者總結。換句話說，你能總結的範圍越大，影響度與關鍵度就越大。

總結其實是透過「面對」「關鍵」「盤點」「分析」「簡化」的關鍵做法，去「幫助發現」到現在所需要執行的事情與下一步，並進行改進與目標制定。多數人最大的盲區就在於沒有發現到自己「曾經不小心做到關鍵的一步」，而透過總結的力量，將其關鍵的一步收斂出來，這除了你需要對自我成長法則，能夠有肌肉記憶般地使用，還得對你所要總結的領域有一定的了解。

所以，透過工作來自我成長，並從中學習領域內的專業知識，形成一個「工作即自我成長」的飛輪（見圖3-1），並運用總結，加速飛輪的轉動，變成領域內不可或缺的關鍵，這才是工作背後所深含的意義。

還記得，當我們開啓ＩＭＶ馬克凡品牌計畫的時候，曾做過「ＩＭＶ品書俱樂部」的實體活動，我請團隊規畫整個活動的行程，並寫出企畫書，但是，當我看到企畫書的當下，整個人傻住了，因爲幾乎不能用，換個方式說，是太理想化了，成本與時間都過高。

其實他們之前都有辦過類似活動的經驗，甚至有一位成員還經歷了很多次公司舉辦大約兩百人的活動，沒有道理現在要做一個規模五十人以內的活動卻做不出來。

所以當時我就帶著他們走一次總結流程，然後開始反問每一位成員關於大型活動的一些情況，接著再引導他們開始討論活動的細部流程。最後再回頭看企畫時，團隊成員就可以各自講出相對應要做的執行細節了，這就是缺少「總結」的力量所致，其實大家都知道該怎麼做，但沒有養成「總結」的習慣，導致下一次要做的時候，又會回到本能執行事情了。所以，我們需要在事情一結束時，就先總結並建立

圖3-1　工作即是自我成長飛輪

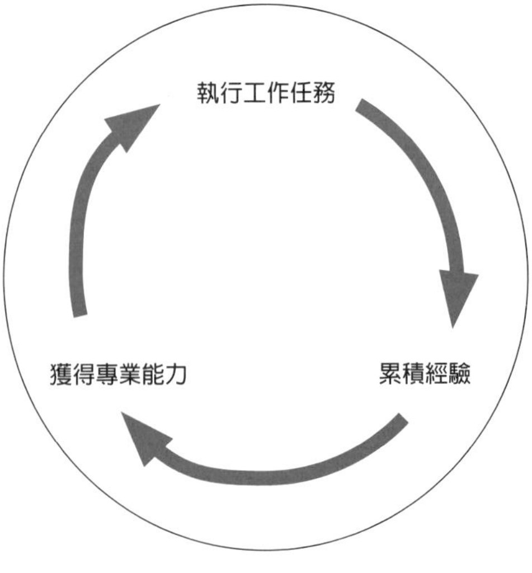

下一次執行的機制，而在下一次要執行之前，就先把上一次的總結拿出來看一下，再開始進行企畫！

不論是領導團隊，或者是協助客戶進行顧問流程，其實我的第一步都是先進行過去成就的盤點與總結。或許你會問：「爲什麼不是『面對』『關鍵』『分析』『簡化』『發現』呢？」因爲多數時候，我用旁觀者的角度在幫助夥伴或客戶們「盤點」，然後中間的兩個祕密與三個法則，就是我的價值與關鍵，最後引導大家建立出總結，當你做到這件事情的時候，不就已經正在「成爲關鍵」了嗎？

當然你要能夠協助團隊總結之前，必須要能夠將「幫助自己總結」變成一種肌肉記憶，因爲如果連自己都無法幫自己總結，當然就無法幫更大的範圍做好總結。

重點回顧

1 總結是在職場中被人看見的關鍵。

2 善於總結能夠幫助發現下一步的改進與目標制定。

3 總結能夠幫助個人成長，也能幫助團隊與領導者進行有效的決策與計畫。

4 總結需要結合「面對」「關鍵」「盤點」「分析」「簡化」等關鍵步驟。

5 必須有可以幫自己總結的能力，並建立起總結的習慣。

2 如果不知道自己哪裡做對，下次就會在那邊做錯

多數人在做總結的時候，只會針對自己錯的事項反省，但這其中有一個誤區：這次做得不錯的地方，我們有沒有把握在下次一樣可以做到？

我在「盤點」的時候，有說過「要能夠成爲關鍵，需要累積很多小成功」，其實把總結做好的關鍵也和「盤點」雷同：保留有價値的小成功，讓下一次持續成功！

人類會下意識放大自己的不好，而忘記自己的好，這也是最可怕的地方，你老是忘記自己成功之處，卻一直牢記著做錯的地方，一直想要去彌補，這就如同一場考試，已事先洩漏占六十分的考題給你了，你卻不好好念熟，反而一直念其他你不熟的四十分題目。我之所以這麼重視總結，就是因爲察覺到自己有這樣的情況，而且多數人也都有！爲什麼不先把六十分穩扎穩打地拿下來，之後再進行其他的優化就好了？這其實就是總結的時候常常踩到的誤區，也就是「吃碗裡，看碗外」理論的做事盲區。

你的工作成敗是由一連串「機率」累積所組成，在總結的階段，你所需要做的事情，就是發現「高勝率」的事情，找到方法重複一直做，進行高效率地執行，至於「低勝率」的事就避開它，而且還要鉅細靡遺地記錄下來，以及寫出應對措施，之後一遇到低勝率的事情，先跑爲妙！

所以當我要檢視團隊夥伴的績效時，我不會問他們需要改進哪些地方，而是問：「哪些地方你做得很好？」接著繼續追問相關細節，之所以這麼做的原因，一方面讓夥伴建立信心，二方面我也會知道他清不清楚自己的高勝率是怎麼做到的，好讓我對他的工作了解度做一個檢核。

在這樣反覆執行總結的情況下，你能發現出越來越多「高勝率的事情」，接下來所需要做的就是把它模塊化，以後再遇到的時候，就可以完全掌握，又或者是找到執行方法，縱使不是你做，也依然有這麼高的勝率。

這就是下個章節要講「模塊」法則的重點。

重點回顧

1 總結時不要只關注做錯的地方，要保留有價值的小成功。

2 找到高勝率的事情，模塊化以提高執行效率。

3 避開低勝率的事情，並以此提升工作成敗的機率。

法則六

模塊：不要重複做自己做過的事

任何一個人的工作都是一個組織裡的一個模塊，換個角度來講，整個社會是由越能夠「DRY」且模塊的人在進行安排。

1 如果一件事需要一直重複，那就應該找更簡單的方式

在工作中，最高的不可取代關鍵在於你能創造出取代你的模塊出來。

在「模塊」當中，我們可以從兩個層面來探討：**自我工作流程的面向、團隊架構的面向**。

如果有一件事情必須反覆做，那麼，你應該去尋找工具或是流程，使事情越做越簡單，甚至不用你親自做也可以順利進行。這就是「模塊」的定義，說起來容易，但實際上卻不如想像中簡單，因爲大家第一直覺都會認爲，如果發展出一套可以取代自己的流程、工具或是人才，自己就會被取代，所以多數人在做模塊化的時候會不自覺地保護自己，導致模塊化失敗。

我們先從「自我工作流程」面向的模塊說起。我是一個「能躺就不坐，能坐就不站」的超級大懶惰鬼，所以總是想要有工具或是別人能代替我，去做我不想做的事情，但同時

我又有很多事情想鑽研，舉個例子來說，我會在最初不知道執行方法的時候，不眠不休地研究方法，一旦找到可行且高成功概率的方法後，就會嘗試導入工具，或是將之變成簡易的流程，讓工具或是其他人幫我執行這件事情，接著我就會去研究下一件事情，就這樣產生一個循環。

我可以很認眞研究、打拚努力，可是一旦被我找到模塊後，就希望我的時間可以被釋放出來，但這個模塊還可以持續爲我創造想要的東西，也是因爲我很重視時間，所以當我發現有一件事情要我一直重複去做的時候，我就會開始盤點、分析、簡化、發現、總結它其中的結構，然後開始模塊它。

那什麼是模塊呢？

簡單來說就是盡可能降低介入，但是有工具能自行產出，又或者是有人用我的方法去做，然後我在中間還可以獲得想到的成果，例如我覺得電動很好玩，但是不喜歡花時間練等，所以就嘗試寫程式，讓電腦幫我練等級，而我只要專心破解劇情就好，這就是「模塊」的概念。

在模塊法則當中，有一個核心觀念很重要，我稱它爲**「DRY乾貨精神」**。

所謂「DRY乾貨精神」，DRY爲「Don't Repeat Yourself」的縮寫，就如同它的英

文一樣白話，「不要一直重複自己要做的事情」是我設計流程的最高指導原則，剛好縮寫爲DRY，所以我就稱它爲「乾貨精神」。

其實DRY原本是軟體開發當中的一種核心思考，如果有一段程式碼要你反覆去寫，你應該會想把它變成一個模組功能，之後又要使用的時候，把參數丟進去，就會吐你想要的東西回來了！所以在職場上，模塊的乾貨理論就是「建立有效益的事」的模塊，然後用自動化、培訓機制、外包機制，讓事情變成不是只有你做才能大量執行。

重點回顧

1 模塊化是將工作流程模塊化，找到更簡單的方式重複執行，釋放時間，並且降低個人介入度。

2 模塊化可以從自我工作流程和團隊架構兩個層面去考慮。

3 模塊化是一種可以導入工具、培訓制度、管理流程等方式。

2 專注做只需要「人」做的事

二〇二二年底到二〇二三年初，剛好有一個跨時代的ＡＩＧＣ（生成式ＡＩ）問世，叫做ChatGPT，因爲它學習了很多現有的架構，讓它可以擁有接近一名大學生的文件整理能力，所以它可以做到很多初步的文書整理與提案架構。

當我知道ChatGPT時，就立刻著手進行研究，並在二〇二三年初要團隊夥伴們大幅度利用這個工具，幫助自己的效能變得更好。當時，我把公司各個崗位的工作都研究過一遍，然後開始設計模塊，幫助夥伴們可以更快上手，使用之後發現效能倍增，便從行銷、行政單位開始導入，慢慢地再導入工程、產品單位……這就是科技的發達！科技發展出來之後，會有越來越多的工具可以幫助取代單一邏輯的事情，而你的重點是要能架構出「模塊」並好好運用。

將工作流程模塊的做法其實比想像中的簡單，只要找出工作中你閉著眼睛也能執行的部分，然後看看能否調整工作流程，讓這些部分都可以一口氣先做好，接著找工具來做，等工具處理好了之後，再回來處理後續動作。

舉例來說，一般研究生都是邊看論文，邊寫重點，再看看是否要使用這篇論文，而我讀研究所時，則是用工具先大量地把論文下載下來後，再進行分類，並自動爲之打上分數，分數高的排在前面，再根據不同領域的關鍵字，把對應段落標上顏色。我運動完之後再回來看分數高的論文當中，是否有我想要的就好，也就是說，我把大量搜尋、標注的時間全部往前移，並寫了一個自動化程式協助進行分類，這過程就是模塊化。

你可能會問：「我不會寫程式，那要怎麼模塊？」事實上，模塊的精髓就是**修正流程，把大量、重複的事件集中，再運用對應的工具、時間、人力去完成就好**。我一樣用研究所抓論文的方式進行說明，當下載好的論文都分好類之後，接著下一個模塊，其實就是「我」這個人。我會開始點開剛剛分類的檔案，然後快速瀏覽一下，確認是不是我要的論文，若是，就移到另一個資料夾；若不是，就換下一篇論文。所以模塊的重點在於把類似的事情大量集中處理。

那爲什麼這一步驟我不用電腦做？很簡單，因爲程式寫不出來。這太接近人腦的判斷了，當時我技術不夠，所以只好由我親自來做。

以下羅列出搭配DRY乾貨理論的核心精神與準則，讓大家方便知道，什麼樣的基礎下要模塊：

一、模塊必須要有效益的工作流程。
二、這件事情要大量地做，且需要品質穩定產出，但現在有點零散地做，效率很低。
三、前後段工作流程，已經有明確的產出與輸入了。
四、整個工作流程已經有七成穩定，不會大幅度變動。
五、模塊之後的產能或是節省要有十倍以上。
六、必要時為了模塊，必須更改工作順序。

模塊的目的是不要讓自己做重複的事，但能大量產出穩定品質的成果。當然也不是每一件事情都要模塊化，開始模塊的時候，你需要先確認現有流程是否有效益，如果還沒有效益，就先不要模塊化。

重點回顧

1 模塊化的精髓是修正流程，把大量重複的事件集中，然後再運用對應的工具、時間、人力去完成。

2 當你善用模塊思維與工具，你的產能就會放大十倍！。

3 模塊最重要的是，達到不重複做同一件事情的目的，但能大量產出穩定品質的成果。

3 善用培訓與團隊機制，釋出更大的產能

當你開始幫團隊工作模塊化，或是把你模塊化的工作培訓交給團隊成員去執行時，恭喜你，可以進入下一個階段，也就是「團隊管理模塊」。

所謂的團隊管理模塊就是調整完工作流程，把需要人做的部分設計成培訓機制，等人培訓起來之後，讓他們去做，接著你就扮演下一個工作流的一部分，當你開始把整個工作流模塊化，並開始導入工具或是建立訓練機制，讓夥伴們一起來做，有發現嗎？這其實就是管理者與領導者的角色了呢！

但這時候會有兩個盲區跑出來！

第一個盲區，很多人都想當管理者或是主管，但是不懂得模塊，只會出一張嘴請團隊成員去做，這時候就會無法帶人。管理者需要的是能夠清楚知道整體的流程，也能夠知道該怎麼模塊，然後請團隊成員一起協助，但有很多不及格的管理者，是不會修正流程，也

不知道怎麼模塊，當然就帶不動人，而且還會浪費資源，導致眾人都在瞎忙。

針對第一個盲區的解決方法很簡單，那就是**回去練基本功**！一定是之前都無法模塊自己的工作流程了，所以現在才無法模塊更大範圍了。

第二個盲區，當你要模塊的同時，也代表你的最大目標是未來在這個工作階段，你只擔任監督與培訓的角色，所以要「降低直接動手」的時刻。可是這恰恰好是最違反人性的一點，因爲當你要將工作交付出去，或者是引入自動化工具來幫助你的時候，你的潛意識會警覺「那我之後要幹嘛？」然後你會選擇藏一手、不自覺地親自跳下來做，或是在模塊的過程當中，把該模塊的事情歸納成只有你能做的事情，但模塊了一個流程之後，你要親自做的事情應該只會占其中二〇%不到才對。

至於第二個盲區的解決方法也很簡單，只要想，**以公司的立場而言，能夠設計模塊的人，才更有價值，不用害怕被取代**，況且模塊之後所剩下的時間，是爲了讓你去做更重要的事情。

這個這兩個盲區都會導致模塊失敗，所以才會有很多人卡在小主管階段很久！

講到模塊，我就想分享一間最澈底落實模塊主義的公司——麥當勞。爲什麼它的漢堡、薯條在全球各地的分店吃起來都差不多？就是因爲它把整個公司模塊得很澈底。

《速食戰爭》是一部論述麥當勞怎麼成功的電影，其中有一個相當關鍵的片段。麥當勞兄弟爲了讓漢堡製作得更加順暢，他們去網球場，將各種工作站用粉筆畫出來，接著在烈日底下，帶著員工去做沙盤演練，假裝自己在網球場上做漢堡，把每一個動作簡化並且模塊化，最後讓整個麥當勞的產品線，在客人很多的狀況下，還可以高速生產產品。

麥當勞集團的創辦人（爲這部電影的男主角）第一次去買麥當勞兄弟的漢堡時，點了餐之後就能夠立刻吃到，爲此他感到很吃驚，立刻向對方拜師學藝。後來男主角也將這樣的做法，用在連鎖加盟的經營上，並把整間餐廳的裝潢、物流都模塊化，以達到攻占全球市場的目標，上述這些，都是模塊的力量。

對我來說，《速食戰爭》是絕佳的模塊教學電影，從中可知，要能夠模塊，還必須很清楚地了解整條工作流程，更要確認現有流程是否有效益，因爲在你還不能百分之百確定以前，就不需要模塊它，以免模塊之後，浪費了一堆資源卻只用到一次，這也是爲什麼麥當勞沒有賣像是雞排之類的商品，因爲它只針對有效益的事情模塊化，並非他不賣，而是意義度不高。

基本上，模塊的基礎是要能夠分析流程，辨識流程目前現有的效益與穩定度，判斷哪些部分要留下，並導入工具或是培訓制度，且設有檢核機制，使產能穩定，讓你知道整個流程是否有在持續進行，或是品質是否穩定。

也就是說，**任何一個人的工作都是一個組織裡的一個模塊**，換個角度來講，**整個社會是由越能夠DRY且模塊的人在進行安排的**，所以對於想成爲關鍵的你，如何運用DRY精神去模塊化工作流，就是一個必學的關鍵。

重點回顧

1 很多人想成為管理者卻不會模塊化，只會分配工作。

2 當需要模塊化時，很多人害怕自己會被取代，或者無法放下自己的工作。

3 能夠設計模塊的人，才更有價值，不用害怕被取代。

4 團隊模塊化，模塊要建立在有效益的事情上，並使用自動化、培訓機制、外包機制來讓除了核心單位的以外的人大量執行。

法則七

熟練：反覆將關鍵做到有肌肉記憶

熟練是關鍵，會再多技術，

只要不熟練都是沒有意義的。

1 不需要會一百種武功，只需要一個必殺技能

基於科技發達，我們可以不斷接收到嶄新的資訊，或是在社群軟體上發現某個朋友又學會了某項厲害的技能，往往在這種時候，許多人會因此感到焦慮，認爲「我會的技能一定要越多越好」，當你有這樣念頭時，你就已經陷入了一個「FOMO」的情緒。

FOMO爲Fear of Missing Out的縮寫，它是一種心理現象，指的是**害怕自己會錯過某些重要或有趣的事情，而感到焦慮或恐懼**。這種現象通常在社交媒體上很常見，因爲當你看到朋友或其他人分享關於他們生活中有趣或重要的事情，你可能會開始擔心自己錯過了這些機會或體驗，接著你也會想要快速地學會一些東西，展現自我、獲得別人稱讚，在這樣的狀況下，又會觸發另一個心理機制**「SNS無限遞增自我肯定」**（SNS infinite self-affirmation），這是在社群網路時代中，過度依賴資訊來維持自尊心的現象。你可能會依靠網路上的讚和留言數，以及網路上的資訊和成就等，來提高自尊心和信心，因而產生一

種過度的自我肯定感，這種現象可能會導致過度依賴社群網路和外界的肯定，並在感受不到自我價值時，產生焦慮和沮喪等負面影響。

對於有心扎根的人來說，快速得到資訊進行學習是好事，但是對於已經陷入「FOMO情緒」與「SNS無限遞增自我肯定」兩個循環當中的人，反而是壞事，因爲你看到別人很棒，逼自己快速學一點東西，然後到網路上展現，得到成就感後，趕緊學習下一個技能，在這兩個心理因素的加速循環下，你會得到一個很不扎實的負向循環，但這就是遠離關鍵的原因。

熟練之後，才會是你的技能

「我不害怕曾經練過一萬種踢法的人，但我害怕一種踢法練過一萬次的人。」

這是我很喜歡的一位已故明星李小龍先生曾經說過的一句話，縱使是大師級的人物，也都需要不停地專研。之所以會有「熟練」這個法則，也是因爲我小時候就是個「不熟練的人」，所以當我看到那句話之後，便瞬間清醒，認知到自己的無知。

我自己算是很年輕的時候，就能夠遵循前面的幾條法則，但是很多事情都還是做得差強人意，其實關鍵就在於不夠落實「熟練」。就像我前面所說的，當可以總結、模塊之後，其實你很快就能發現解決方法，但可怕的地方就在這邊，當你能夠正確使用方法解決問題，就會覺得「我會了，不用再練習了！」等到下次再遇到一樣的問題時，你徒有充足的信心，但卻做不出跟上次一樣的成績來。這也是爲什麼我在法則二「分析」的篇章中，跟大家說「要記錄做得好的地方，並且知道如何做到」，然後就要接續法則七「熟練」，把這件事情，不停地練習、練習、再練習，練到熟練爲止，這樣才能算是自己的「技能」。

我總是在自己的Youtube頻道中，反覆說一句話：「**知道跟做到之間的差距，在於努力的練習與執行。**」其實就是在講「熟練」這個法則。對於現在網路與盛行ＡＩ的年代，要「知道」技能、做法、新知，都是些很容易的事情，你甚至可以在很短時間內，運用網路資源，跟著一步一步地做，還能達到一點成績。但是，這些都不是屬於你的「技能」，你只是暫時跟別人「借來」的！但往往人們會借到成果之後，發發社群貼文，得到心理獎勵之後，就沒有下一步了！這就是遠離關鍵的原因，你要成爲關鍵，就必須在關鍵時刻中，不自覺地使用技能，而非再次查詢資料。

試想一下，如果你本來就沒有銷售能力，或是能夠上臺發表簡報給客戶或是老闆看的能力，只有在大學時期臨時上臺報告的經驗，當今天有一個前景不錯的機會來臨時，你能夠即刻爭取上場嗎？這也是爲什麼李小龍先生會那樣說，因爲練一萬種踢法的人，就如同一直去看線上課程或是youtube影片的人，當眞正要上場格鬥時，你認爲，是一位還得先在腦海裡回想該怎麼出招的人，跟一位熟練一個招式到可以下意識反射動作的人，哪一位比較致命呢？

所以，如果你想成爲「關鍵」的人，跟眞正前二〇%優秀的人進行頂尖對決時，**「熟練」就會是你唯一可以依賴的事**。我知道你可能會問：「如果我現在沒有很多熟練的技能該怎麼辦？」任何一個高手都不是天生就很厲害的，你得先挑一個你不討厭，同時對未來也有點幫助的事情，先花一點時間，將之練到「熟練」，這才會是你可以挑戰世界的本錢。

重點回顧

1 知道跟做到之間的差距，在於努力地練習與執行。

2 分析做得好的地方，並且不斷練習，才能建立屬於自己的技能。

3 網路支援的技能，只是暫時借來的成果，要建立屬於自己的技能，需要不斷地練習。

4 在關鍵時刻，要能夠不斷練習，建立熟練度，才能成為關鍵的人。

2 人類是無法分心的，所以才需要養成肌肉記憶

熟練到什麼樣的程度才是標準呢？答案是：要熟練到可以變成一種「肌肉記憶」。舉例來說，當你已經學會騎腳踏車時，你是不是可以一邊和朋友聊天、一邊騎車了？不用特別去想腳要踩幾圈，手要怎麼放了，對吧？

這就是肌肉記憶！

要把專業做到這樣的肌肉記憶程度，才是關鍵！這樣才是所謂眞正的斜槓、多技能。嚴格來說，我認爲所謂的斜槓，其實是**解決問題的同時，還能去學習各種不同的方法，最後再綜合所學，解決問題**。但現在很多人倒果爲因，爲了要斜槓而到處亂學技能，也不熟練，最後也就沒有成爲「關鍵」了。

如果你學了一堆技能，但沒有針對特定解決的問題去學習相對應技能，很常淪爲「知道」跟「初步做到」，也因爲沒有熟練，所以也就不會構成「能力」，如此一來，就難以

發揮「跨領域技能」，然而，現在許多關鍵的專業，往往都是跨領域的，舉例來說，在我撰寫這本新書的當下，人類正在面臨一個新的AI時代，其中，AI就是一種複合科學，它包含了社會學、電腦科學、腦神經科學、數學、統計、心理學、語言學等等，如果你不夠熟練，根本無法跨領域發揮好，所以如果你對於自己既有的能力無法做到肌肉記憶的程度，那其實你分心去做跨領域的事情，也會像是一棟地基不穩的大樓，搖搖欲墜。

事實上，人的腦袋是不太能夠分心的，你乍看某一個人可以一心多用，其實都只是他腦袋裡的想法可以快速切換罷了。你可能會問：「你剛剛不是說可以一邊和朋友聊天，一邊騎腳踏車？那這樣不就是一種多工嗎？」這是因為你已經熟練到有「肌肉記憶」，**當你把技能熟練到有「肌肉記憶」時，才能夠發揮出跨領域的優勢，這樣才算是有效率的斜槓**。

我很喜歡已故NBA球星Kobe Bryant，他曾經為了練不太符合人體工學的轉身過人上籃，練了至少上千萬次，看過他那過人的技術就會知道，那太不符合人體工學了，也因為這樣，他曾經在腳踝、膝蓋動過好幾次手術。為什麼他可以自然地使用高超技巧並得分，或是做出這種一般人無法輕易完成的動作呢？其實靠的就是他長期的練習，熟練到變成「肌肉記憶」的關係，所以他不用特別去想，到底手應該怎麼抬、腳應該怎麼踩。

任何一種專業，都是熟練於某一項技能，然後再延伸學習其他技能，最後組成能夠在領域內解決問題的專業，所以我來解釋一下關於熟練，「知道」「做到」「技能」「專業」「能力」這幾個關鍵詞的差異。

- **知道**：聽過且知道這件事情，但不一定做得到，只有做過一兩次，或是還是會發生失誤。
- **做到**：曾經做過這件事，現在還能做到，甚至是閉著眼睛也能完成，但對背後的原因不熟，比較難舉一反三。
- **技能**：對這件事情夠熟悉，知道背後的原因與原理，能夠在已知的相似動作中，舉一反三地調整。
- **專業**：已對該領域內的事情都很熟悉，並且可以整合其他技能，也可以將未知領域內的事情進行舉一反三，或是做綜合應用。
- **能力**：已經將這件事做到爐火純青、神經反射，並知道背後原理，可以結合領域外的知識，或進行未知領域的探索，並舉一反三，加以應用。

以此道理，在職場中所對應的職位就是：

知道：生手。
做到：資深專員。
技能：初階主管。
專業：中階主管。
能力：中階主管以上。

我們可以更進一步用「下廚」這件事來幫助大家了解：

- **知道**：需要看著食譜做義大利麵。
- **做到**：能輕鬆做出一道義大利麵，不用看食譜，也不用思考太久。
- **技能**：可以煮出很多種口味的義大利麵，縱使沒煮過，只需要想一下，應該可以做出七、八分像。
- **專業**：可以把義式料理都處理得很好，縱使沒煮過，也可以想出其他料理方式。

■**能力**：只要是料理，都可以探索得出來，並且結合本來的料理基礎，導入一些新的工具或是做法，做出開創性的料理。

所以，任何一個關鍵的人，都必須累積很多「熟練」，變成「肌肉記憶」才是關鍵法則，而不是一味地分心「借來」很多技能，卻無法有效應用，在焦慮中呈現負向循環。

重點回顧

1. 養成技能的肌肉記憶，才能有效應用。
2. 多學技能不如把一個技能練到足夠熟練，熟練程度可用肌肉記憶來判斷。
3. 跨領域的關鍵人才需要有一項技能熟練成肌肉記憶，才能快速地學習其他技能並進行有效的整合。

法則八

疊代：定期覆盤，高速疊代你的技能

把重點放在「達成目標」，而非「讓人鼓掌」，

這就是疊代背後的一個重要思維。

1 複利的力量

我認爲優秀的人跟一般的人最大的差別之一，就是「疊代」的思維！所謂的疊代，其實意思很簡單：**永遠沒有完成版，你需要不停地改寫、累積優化，讓自己趨於完美**。

這中間需要克服的，會是人性的弱點與盲區「自尊心」，因爲多數人總想要一次做到位，在還沒有做出成果以前，都不敢跟人說，只想悶著頭把事情做好。但我們必須認知到，羅馬不是一天造成的，你需要做的事情是定期檢視盤點，建立優化流程，讓自己往成功的方向邁進一步。

「Better than yesterday！」是我在「馬克凡的生活CEO」Youtube頻道常說的一句話，其實這一句話就包含「疊代」思維在其中，如果說「盤點」是我認爲成爲關鍵的第一個重要法則，那「疊代」就是我認爲可以讓你成爲關鍵的核心思維。一次的失敗，不是失敗，但失敗了沒有疊代，就是眞的失敗！

當你把焦點放在「達成目標，疊代優化，越變越好」，就會發現你可以降低外界的干擾、把重點放在「達標」，而非「他人的眼光」，因爲人們看不到你的努力過程，縱使你再努力，旁人也看不到，他們只會看到你達成目標的那一刻。所以你在達到目標以前，所要做的事情就是專注「疊代」，來讓自己可以更有效率、更快速地完成目標。這跟「熟練」不一樣，**熟練的過程，是把一個特定的技能練到很熟，但是「疊代」的重點放在你「一次次地更好」，這過程就像是一種「複利」**。

什麼叫做複利？我們可以想像一下，今天你存了兩元，而你要求自己每天都要存比前一天多兩倍的錢進去，看起來起頭很少對吧？第一天兩元，第二天四元，第三天八元，第四天十六元……到第十天，你存了多少呢？

答案是一〇二四元！第十一天呢？二〇四八元！這就是複利。

巴菲特說過，所謂的複利，就是找一條足夠長的下坡、足夠濕的雪地，然後放一顆小圓球，往下滾下去，你會發現，在下坡處，它會變成一個很大的圓球！

爲什麼是足夠濕的雪地呢？因爲滾動的時候，你要吸附更多雪花到身上，並且加在自己身上；爲什麼要足夠長的雪地下坡呢？因爲需要一條賽道，讓你可以長期發揮，這就是著名的「雪球理論」，只要有這兩個條件，就能形成「複利」。

很多人都是把複利講在投資上面，但我個人認爲最好的投資，就是「投資自己」，那在投資自己的時候，要怎麼建構這個複利呢？

你所需要用到的就是「疊代」，因爲它就是在「成長投資」上的複利法則。要能夠有效疊代，就要回到落實「盤點」，換個角度來說，其實**「疊代」就是動態盤點、分析、發現、總結、模塊的過程**。

發現了嗎？這就是那一個幫助你不停成長成關鍵的雪球！

而我在前面所講的，要有熟練一個領域的技能，其實就是該理論所說的，要找一個足夠長的下坡道可以往下滾，然後它就會從一個初始小球，一路滾動下去，變成不可忽視的大雪球。

許多人拚命學習，但沒有變成大雪球的原因，可以思考自己有沒有做到熟練與疊代，**所謂「熟練」是指你在一個領域內，針對一件事情跑足夠長的賽道，越滾越快；而疊代，就是你能吸附多少雪，到自己身上來，越滾越大顆的關鍵！**

關鍵在於「持續」

或許你現在已經知道「疊代」的重要性了，但我要跟你分享一個祕密：爲什麼疊代很重要，卻很少人能做到的原因，而這恰恰好，就是你要努力的關鍵。

既然「疊代」是自我成長的「複利」表現，那我就用數學跟你分享其中的奧義。

我常講說「Better than yesterday（每天比昨天好一點。）」那假設我第一天是1，然後我每天比昨天好一點，所以我每天成長0.01，也就是說我的第一天是1.01，第二天是1.01×1.01，第三天是1.01×1.01×1.01，那我們叫它1.01的三次方，我們縮寫成1.01^3，所以第N天，就是1.01^N。

但關鍵就在這裡，你每天成長一點點，到了第100天，你得到的成績會是$1.01^{100}=2.7$。你每天堅持努力，到了100天才會有2.7倍的回報，聽起來沒什麼對吧？如果用存錢的角度來看，那就是你第一天存100元，每天固定成長0.01，到了第100天也才得到270元而已，更可怕的是，如果你只努力30天（一個月），那你也只會成長1.348而已，這就是多數人會選擇放棄的關鍵！

但這就是差異，我們要知道一件事情當你努力365天（一年），將會收到$1.01^{365}=37.78$倍的回收！大家都知道會有37.78倍的回收，但大家都會在第30天時，就先放棄了！

你可能會說：「提高每天的成長倍數不就好了？」這恰恰好又落入另一個陷阱：當你要每天堅持成長的時候，光是要保持每天都有0.01的成長，就非常困難了，所以關鍵在於：**「簡單的事」才能「持續」**。

所以我在前面的法則才會提到「簡化」「模塊」，因爲只有當你簡化、模塊了，才能專心持續「疊代」，如果我們要說之前的法則都是基本功，那「疊代」就是帶你從基本功放大加速的加速器。

還有一個很少人說的祕密，上面所說的是正向疊代，但多數人卻會一個不小心，養成「負向疊代」，更可怕的是，要保持持續進步，很難；要保持持續退步，卻很簡單！你想想看，要堅持每天健身簡單，還是每天吃零食變胖簡單呢？

一樣依循上面的計算方式，每天退步一點，那你就變成0.99，那0.9930就剩下0.73，可怕的是0.99100是0.366，更驚悚的是0.99365是0.026，如果一個人，每天成長1%，跟另一個人每天退步1%，那他們的差距會是幾倍呢？

答案是一四五三倍！

當兩個人一正一反地疊代，隨著時間，就會天差地遠！（見圖3-2）這就是爲什麼能學會「疊代」的強者，會越來越關鍵，而這要彌補上的距離，會隨著時間拉長，變成遙不可及的原因。

圖3-2　複利差異圖

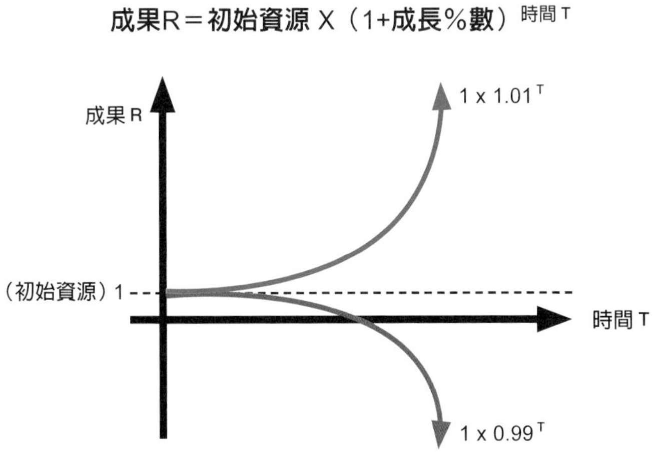

重點回顧

1. 複利的概念：透過累積、增長來達到更大的效益。
2. 投資自己是最好的投資，要將複利的概念應用在自我成長上。
3. 執行疊代需要專注於「達成目標，疊代優化，越變越好」，而非他人的眼光。
4. 在達成目標以前，需要專注於疊代，讓自己可以更有效率、更快速地達成目標。
5. 簡單的事才能持續，要簡化、模塊化才能專心持續疊代。

2 Skill，秒殺對手的關鍵能力

如果要成爲一個極致關鍵的人，除了把雪地上的雪吸上來以外，還要「讓雪球扎實」，這就是「疊代」法則中的隱藏關鍵屬性：**「精煉」**。

多數人可能知道要往前滾，讓自己變大，但這時候可能還不夠扎實，一旦遇到樹木（阻礙），可能就會被撞散，所以，把你的「雪」邊滾邊壓成「冰」，雖然體積會變小，但可以「一擊必殺」，成爲撞穿樹木的關鍵存在！

我很喜歡Skill這個詞，這是源自於我的高中物理老師，那時他說：「Skill本領，就是你秒殺（Second Kill）的關鍵能力。」聽他這麼一說，我的腦袋瞬間轟鳴大響！這不就是我一直認爲的高手的極致嗎？**秒殺力，就是要精簡、有肌肉記憶、一擊斃殺**，這就是在社會上走跳的本領，需要不停精煉才有可能練成。

你如果對於目前的生活不太滿意，答應我，你必須從現在開始要對自己狠下心，扎扎

實實地去打造一個本領，或許這個過程會遇到很多讓你不順心的事情，但只要透過前面的法則，好好地發揮，並且快速疊代，就會慢慢發展出屬於你獨一無二的本領，跳脫出目前的泥沼！

你可以這樣想像，在一款電玩遊戲中，你是一個新手，沒有任何裝備和武器，但前面就要面對未知的黑暗世界，所以你才會感到焦慮與恐懼，此時你發現旁邊的人都有一些厲害的武器，你就更焦慮了，所以你就開始在路上亂撿石頭或樹枝，假裝自己有武器，但這只會讓你越來越沒有自信，到最後年紀大了，也沒有體力再去練就眞本領了……

想成為頂尖、關鍵的人，其實就是個不停地戰鬥，自我進化本領的過程。雖然在前期打磨的時候會感到恐懼，也會怕自己掉隊，但要相信自己，慢慢地一路打磨，才能找到自己的「本領」，而這過程，你需要**盤點**自己的優勢、劣勢，才會知道哪些原料適合自己，接著還要學著對你自己、手上的武器進行**分析**，然後學會怎麼好好活用，甚至開始加工，從石頭變斧頭。

除此之外也要學會**簡化**，因爲手上的武器有很多種用法，你要想辦法簡化到最順手的用法，然後反覆打磨。

或許一開始只是亂砍，後來你會**發現**，從上往下砍下去的破壞力最大，接著試著發現這個武器還可以怎麼使用，又或者發現身旁還有其他東西可以結合一起使用，例如把斧頭尾端加一個鐵鍊，用甩的方式，攻擊力會更大、更遠。

當然，你還會需要**總結**自己每次戰鬥之後，怎樣使用武器會更順手、有哪些用法下次不能再用，不然會吃虧，就如同你知道，在下雨天甩斧頭會更有效，但在風大的時候甩斧頭會打到自己，就不能用。

同時間，你可能開始把你的技能**模塊**，知道面對怎樣的戰鬥，就要用什麼樣的模式對打，例如，在下雨天，你會把兩隻斧頭綁在鐵鏈的尾端去甩。

在風大的時候，你會手握斧柄去攻擊，變成兩個模塊，接著你開始需要**熟練**，把甩斧頭的攻擊方式使用得更精準，要怎樣揮舞斧頭，攻擊範圍會更大更強，並且在每次動作的時候，都不用再想太多，可以不假思索地知道面對怎樣的環境，該使用怎樣的攻擊模塊。

每次戰鬥完之後，你都會**疊代**，爲自己重新總結，然後爲自己盤點優劣，同時修正分析，並發現到更好的方法，同時也看看有沒有哪些東西，是在每次戰鬥中學到的，整合回到模塊當中，並加以熟練，開始把模塊練成一招必殺的大絕招，熟練成肌肉記憶，精煉成爲一招必殺的本領，並開始融和其他裝備或武器研發！

最後，在這世界上就多了一個雙鍊斧頭的新門派與高手！

這就是一個不凡高手，一路成長的故事，也會是你成爲關鍵的路途上，會經歷到的故事。

所謂的關鍵的人，不過就是在他人有需要的時候，有能力挺身而出，或許中間你經歷了八大法則，但最終你可能只是爲了換得一個本領，在關鍵的那一刻，爲了共利，你挺身而出！這就是你的「光榮時刻」，也是成爲不凡關鍵的那一刻。

重點回顧

1 關鍵能力是秒殺對手的能力，需要簡化並練到一擊必殺。

2 「疊代」法則中的「精煉」是成為一個極致關鍵人物的隱藏關鍵屬性。

3 打造自己的本領是成為關鍵人物的關鍵，需要從信念開始，不斷精煉。

4 成為不凡的關鍵人物需要在必要時刻挺身而出、幫助他人。

04

第四部
面對經營事業，你要累積「扎實堆疊的關鍵決策」

或許你已經工作一段時間變成主管，或者是你已經創業，但不論是哪一個，其實你都已經開始擔任團隊領導者的角色，已不是在「工作」，而是在創造一個「事業」。

很多人認為「創業」一定是自己開公司當老闆，但我認為，用心於一個領域，也是在創造事業，因為創業是一種心態，不論你想成為哪個領域的關鍵，都要不停地自我成長、對認知上進行投資，一旦做到了，那你就會是關鍵中的關鍵，也是你最成功的投資。

法則九

客觀歸納：了解團隊的工作流程，扎實覆盤與總結

當開始經營事業，又或者是擔任領導者的角色，你所需要的是將總結經驗運用在整個團隊方向上。

1 很多時候卡關的不是事情，而是沒有依據事實做盤點與總結

很多時候，團隊成員不是因爲不想讓團隊或是事業更上一層樓，而是因爲無法對團隊內部進行盤點與總結，所以才會導致資源分散或流程混亂，無法把事情執行到位，所以如果你是領導者，又或者你希望自己未來可以是團隊領導者，你所需要學習的就是學會了解除了自己工作以外的整體工作流程，然後發揮你「盤點」「總結」的能力，帶領大家一起將整個團隊的工作流程進行總結，將自己的正向工作習慣複製到團隊夥伴，並用制度達成文化。

法則一到八都是對自我成長的投資，但當你開始擔任團隊領導人時，要思考的就是建立團隊制度與文化，讓夥伴們透過你設計出來的制度，間接做到法則一到八的事情。

你可以能會說：「那還不簡單，不就是反覆做前面的法則嗎？」但是要明白，當人越多的時候，就越難聚焦，也越難客觀，所以這時候就得用祕密二當中所提到的「誠懇」「熱情」「共利」。

因爲從法則九開始，你要思考的不是個人的成長，而是如何協助整個團隊的成長。將你的信念與對關鍵的認知，慢慢地延伸到爲團隊服務，甚至是引領團隊一起做到，這需要從自我總結，進化到爲團隊總結，最終是引領團隊共同總結。

以前有一位前輩跟我說過，一個好的團隊，就是看領導者能不能用各種方法，建立起團隊持續成長的文化與習慣，並在其中找到商業與獲利模式，持續滾動下去，而自己不能身在其中。

我當時覺得十分震撼，因爲我一直認爲，團隊領導者要一直帶頭衝刺成長，但聽了這番言論後，我才學習到**領導者是引領團隊「找到成長」方法的人**。當然，要攻城掠地、需要領導人的技能時，還是要上場打仗，但是在帶領團隊的時候，應該要像教練一樣才對，可是你需要能夠先爲自己以及爲團隊總結，這樣才會知道要引導團隊夥伴，總結到哪個方向去。

小心不要掉入「慌亂陷阱」

越是多人協作時，越要客觀地盤點，因爲事情通常都很簡單，是有人的因素參雜其中，導致你看不到眞相，這就是當你變成團隊領導人的時候，越要客觀的原因。

還記得有一次公司在開週會，我們有一位業務，名叫凱恩，他接了客戶的電話之後，就很緊張地在會議中用不太好的口氣說：「系統流程有一個很嚴重的錯誤，現在客戶很生氣，因爲影響到很多人，產品團隊的夥伴得趕緊修好它！」那時候我一頭霧水，我認爲客戶的事情很重要沒錯，但突然說要產品團隊協助，縱使團隊想幫忙也心有餘而力不足。

因爲這個突發狀況，讓會議現場亂成一團，當時我覺得這樣行不通，於是詢問凱恩以下幾個問題：

- **客戶生氣的原因是因為影響到很多人？**
- **目前影響到多少人了？**
- **影響了多久？**
- **只有影響到這位客戶嗎？還是整個系統都有影響到？**

- **從什麼時候開始有這個影響的**？
- **目前客戶的處理方式是什麼**？
- **你回應客戶的方式是什麼**？

當我這樣詢問之後，大家都安靜下來，然後凱恩才慢慢地說：「客戶說有兩個用戶有反應，目前客戶已經提供賠償並讓用戶離開了，這件事情發生在上上個禮拜五，目前只有這位客戶有提出反應。」當他回答完時，我意識到事有蹊蹺，於是問他：「客戶是上上禮拜五就提出反應了？還是剛才那通電話才反應？你第一次接到反應時，是怎麼應答客戶的？」這時候他緩緩地講：「客戶上禮拜一就有寄信跟我說了，但是我沒有做出任何反應，所以剛剛客戶才打電話來罵人……」

這個例子就是很典型的「沒有依據事實反應」，也是最可怕的情況，缺少客觀事實的呈現，加上情緒的渲染，會讓整件事情失真，最後做出錯誤決策、消耗更多的資源！或許凱恩並沒有意識到自己哪裡有狀況，但其實這就是人性對自己的保護，將自己遇到的困難轉到團隊身上，而團隊夥伴也都相信，所以不假思索地開始動起來。

我們來想想這背後的人性。清楚知道自己怠慢了，故接到電話之後立刻反應，所以：

一、誇大事實（很多人，但其實只有兩人），其實是希望可以讓大家支持他。

二、缺少時間軸（掩蓋自己沒有及時反應）。

三、沒有客觀論述錯誤（很嚴重的bug但沒說清楚），一樣是為了強化讓人支持他，馬上執行。

四、過程中沒有紀錄，無法當下講清楚（所以只能講很嚴重）。

凱恩或許不是有意的，但這就是人性，會自然地做出以上反應，所以團隊領導人要從中協調，盤點對應的關鍵資訊，並引導會議。

經過引導之後，我們就能夠盤點出，原來影響的範圍其實只有兩人，而且事件發生之後，就沒有再重複出現影響了，所以客戶其實只是想要知道緣由與錯誤報告，還有未來發生類似狀況時的應對方法而已。

有時候團隊領導者也會陷入這樣的「慌亂陷阱」，所以當你能夠客觀歸納時，其實就在扮演團隊當中的關鍵角色，同一時間你也正在穩定大家的心。如果你正處於努力成爲團隊領導人的階段，那法則九的「客觀歸納」是你一定要達成的！

人事時地物的反問

所謂的客觀歸納，其實就等於「盤點」＋「總結」＋「疊代」＋「行動」，所以我常常跟大家說這句話：**「努力的人善於『盤點』，優秀的人善於『總結』，頂尖的人善於『客觀歸納』。」**當你開始是團隊領導人時，你的客觀歸納能力會影響團隊的走向，因爲你必須帶領團隊找出方向，這時候引領團隊進行有效率的客觀歸納尤其重要！

或許你會問，要怎樣客觀歸納呢？

其實方法很簡單，如果去拆解我上面的案例，你就會發現，我只不過是**基於人性的出發點，進行人、事、時、地、物、過程的反問**而已。

當你客觀歸納地盤點時，你需要釐清角色（**人**）、發生的過程（**事情**）、發生的時間與經過（**時**）、發生的當下位置（**地**）、發生的載體（**物**），以及最重要的整個脈絡的紀錄（**過程**）。盤點的過程要把**「自我保護的人性」**與**「過度主觀」**的兩個人性放置進去，就會發現爲什麼對方會這樣做。舉例來說，凱恩因爲知道自己怠慢了，所以才隱瞞一些客觀資訊，這時候你要能夠從這個人性面再切入繼續問，同時安撫對方，才會問到眞實客觀的資訊。接著透過盤點出來的資訊進行總結，並開始針對這次行動，做出何種反應，以凱恩的例子來說：

一、重新確認一次出錯的流程背後可能的問題，以及對應背景、原因。

二、將受影響的兩個人的資料調出來，看看是否有意想不到的失誤。

三、重新聯絡客戶，感謝客戶的協助與提醒，並提出檢討報告的回饋時間。

這三個行動，就是總結出來的立即行動。

身爲團隊關鍵人物的你，要試著思考如何避免類似狀況再度發生，又或者下次如果再遇到了該怎麼快速反應，所以這時候就開始「疊代」，並制定未來如果遇到類似事情的回報機制與回報內容的表格與時間軸，這時候其實已經在擬定整個團隊制度與文化了！

在初期的時候，這整個過程可能會由你帶著團隊一起處理，但當你領導的範圍越來越大時，就必須用問答的方式，引導對應的負責人可以做到類似的客觀歸納，並建立起文化制度，這就是做事業的過程中，相當重要的一環。

重點回顧

1 客觀盤點事情非常重要，以避免人性因素造成失真。

2 團隊需要學習如何有效率地進行客觀歸納，釐清關鍵要素，並從中總結出有用的資訊和結論。

3 學習如何進行有效地問題反問和記錄，以建立全面的資訊庫和文化。

4 透過盤點出來的資訊，制定有用的反應和解決方案，需要有效地分析和評估資訊。

5 團隊關鍵人物需要思考如何避免類似狀況，或下次如何快速反應，進行疊代，建立起制度與文化。

6 了解自己在團隊中的角色和責任，積極參與團隊建設和創新，以實現個人和團隊的發展。

2 如果想得太多，通常就會做得太少

當你處理的事情越大，範圍越多時，越是用「想」的，就越容易進入「不客觀」的陷阱。我常跟人分享：**「如果想得太多，通常就會做得太少。」**這段話其實有兩部分的意思。

一個部分是指**「執行力」**，另一部分其實是**「把腦袋想的東西，整理成文件」**。

人們在「想」的時候，常常就眞的只有想，但我更重視的是「思考」，而要進行思考的前一步，其實就是「客觀歸納」，但因爲大腦容易用主觀的方式看待事情，畢竟這是人的天性，避免不了，所以在進行「客觀歸納」的時候，最重要的是要運用工具將「盤點」「總結」與你的「思考路徑」，攤出來「整理成文件」，這樣才可以把你的腦袋從「記憶」「主觀」中釋放出來，專心在解決問題的思考上。

如果你今天只是個體時，或許可以只在腦中思考，但是當你擁有一個團隊時，你無法

確定團隊全部的成員是否跟你一樣，能夠在腦袋中進行有效率地「盤點」與「總結」，這時你需要用幾種方式將自己與團隊成員的共同思考，固定成文件下來（這個行爲我稱之爲**「共識固化」**），方便你們做客觀歸納：

一、會議紀錄

會議紀錄有很多種做法，但最關鍵的是要眞實記錄。眞實記錄會議過程的談話是很重要的一環，以及會議最終的結論、下一步的行動指南，都是重要的「共識固化」。

二、心智圖

心智圖是一個很好用的工具，它不是一個特殊軟體或方法，而是一種幫助你思考收斂的方式。我個人覺得最佳的心智圖工具，其實就是白板跟紙筆。透過白板跟夥伴們一起盤點整體思路，最終會釐清哪些是重要的、順序該怎麼安排。

三、流程圖

每個人想事情的順序不同，就會導致邏輯、結果與感受不同。最經典的例子就是：一個學生，因爲生活情勢所逼，需要下課之後去做非法生意賺錢，你會覺得學生墮落了，但一個從事非法生意的人，爲了要改變未來軌跡，結束工作之後，堅持去上課，你會覺得該名學生很上進。

這兩件事情，「物理」上其實是同一件事，但是說明的順序不同，感受與結果就不一樣。所以你在客觀歸納的時候，要很重視大家所認知的「順序」，因爲順序不同，可能歸納出來的結果就不一樣，這時候你就需要流程圖來輔助，因爲它就是一個最好說明順序的工具。

四、情境圖

有了會議紀錄、流程圖之後，或許還是有人無法想像，這時候你就需要「情境圖」去把對應的流程與會議時達成的共識，用一個情境畫面呈現出來，這樣可以讓大家的想像空間很一致，也會讓整體的客觀歸納，更能傳達給團隊中的每個人。

五、行動指南

把你們歸納出來的總結轉換成「行動步驟」，便可以幫助大家把「思考」轉成「行動」。

有這共識固化的五大工具，就可以更有效率地「客觀歸納」出你們的共識，如果你現在還沒有團隊，或是還在準備當領導人的階段，那你更要養成這些習慣，先把自己的思考固化出文件，並養成習慣；如果你已經是團隊領導人，更要做這件事情！

以我多年領導團隊的過程，我深深地體悟到一件事情：「人們都只想知道自己想知道的。」也就是說，一場會議當中，雖然大家口頭上講的好像有共識，但其實背後所了解的眞實做法、認知，可能天差地遠，完全不一樣，這就會導致實際執行的時候產生落差，而「客觀歸納」的過程中，最容易出現的盲區，就是「好像大家歸納的都一樣，實際認知完全不一樣」。這時就需要運用「圖形與文件」輔助呈現，讓多方形成共識！

還記得我在祕密二當中提到的「精準帶來專業」嗎？其實在法則九「客觀歸納」當中，精準地將共識呈現出來，並與團隊形成共識，就是你顯示出領導本領的關鍵之一。我每次演講談到這段的時候，就會跟大家玩一個遊戲：找任何一張圖，在臺上只能用「說的」，讓團隊成員畫出這張圖的樣子。說的過程中，不可以「譬喻」「說絕對位置」。此時，你會發現臺上說的跟臺下畫的，完全不一樣！很多人可能會把這個現象歸納成「溝通能力不佳」，但我想說的是**「口說傳遞思維的程度，遠低於文字圖形」**。

所以如果你現在正在學習法則九「客觀歸納」的話，那你要記住一件事情：**善用圖形與文字，並將其做成文件，這樣才能成為最關鍵的領導人！**

重點回顧

1 太多空想，不利於有效率地盤點問題，將想法整理成文件更好。

2 執行力是客觀歸納的重要一部分，將思考固化成文件可以協助進行客觀歸納。

3 五種工具可協助團隊進行客觀歸納：會議紀錄、心智圖、流程圖、情境圖和行動指南。

4 共識固化是團隊領導人的關鍵技能，將共識固定在文件中可幫助團隊形成一致的想法。

5 善用圖形與文字，並將其做成文件，可以幫助領導人成為最關鍵的人物。

法則十

分析聚焦：你的時間沒有很多，抓住你正在打的關鍵一仗

其實聚焦，不僅僅只是把資源集中，背後更多的思考邏輯是風險控管的邏輯，這也是分析聚焦的核心。

1 真正懂關鍵的人，不是因為他很自律

在你年紀還很輕的時候，可能會覺得時間很多，但就是這一個錯覺，導致沒有人教你好好分析時間該花在哪裡，等到你有意識要努力時，就會很恐慌，因爲你突然發現自己時間不夠用，看著別人越做越好，自己卻在原地踏步，又或者看到比自己年紀小的人開始有自己的一番事業，或是變成領導團隊的人，就又會更慌張！

跟你說個好消息，這是人生的必經過程。你不要以爲大家看起來都很有想法、有些成果，就代表他沒有經歷過這段，事實正好相反，他可能正在經歷這段，並且也同時在恐慌著。

同時也要跟你說個壞消息，其實你可能搞錯議題了，一直以爲是時間不夠所導致的恐慌，所以你拚了老命也要增加自己的效率與技能，每天戰戰兢兢地看著別人的故事，告訴自己要很自律，來榨出更多的時間。事實上，你看到很多成功安排自己事業的人，比你

想像中，時間過得還更「充裕」許多，他可以同時照顧家庭、運動、安排生活，甚至可以開創多家公司。你可能會說：「他們就是夠自律，才能做到這麼多事。」但如果你仔細觀察，就會發現他們也沒有想像中的自律與努力。

我曾經也這樣認爲，所以我制定了很嚴格的行事曆與計畫，一開始的確是滿有效的，可以爲我帶來一些突破，但後來就發現，這樣高密集的時間，以及無法在非工作與工作的項目之中切換，光是心情就很難調適，堅持了很長一段時間，始終無法獲得更好的成果。直到有一次，我跟一個前輩聊天時，他跟我說：「Mark，你要少做一點，你做太多了！」我瞬間茫然了起來，畢竟一直以來，我認爲自己奉行的是「能躺不坐，能做不站」的超懶人理念，爲什麼前輩會說我「做太多」了呢？

於是我開始很認眞地思考這件事情，這時，我想起了一句話：「包包裡放越多東西的人，越不清楚旅程該用什麼。」這句話其實是更多年前一位長輩跟我說的，他跟我說：「要看一個人有沒有條理，就去看他的包包或是皮夾，如果旅程中，他的包包或皮夾裡塞滿了一堆東西，當你問他爲什麼要帶這些東西時，他講不出來理由的話，雖然他平常做事看似有條理，其實都只是假象！」

原因很簡單，一天二十四小時就如同一個有空間限制的包包，你要裝哪些東西進去直、到明天，甚至是後天，這件事情才是核心關鍵的想法，又譬如，若一昧地想著要把包包分隔整理，就如同把時間切割成五分鐘爲一個單位去做安排，但是如果不知道每一格要放哪些東西，那整理得再有條理，也無法達到最高效率。

所以那時我才懂，**真正懂得關鍵的人之所以不焦慮，不是因為他很自律，也不是因為他比別人更努力，而是因為他知道要帶什麼東西踏上旅程**。

不論是自我要求、帶領團隊或是打造事業，如果無法分析出哪些是關鍵，縱使投入再多的努力，也可能會發現，達到一定的效果之後就會卡關，那是因爲之前獲得的成果是透過「暴力解法」達成，也就是用比較沒效率的方式達到一定的成果，但是要更往上一個階段，就必須學會細膩地分析，並且找出解決方案。

法則十就是要將分析聚焦的思考邏輯分享給大家，很多管理與自我成長的書有大量的分析聚焦方法，但是爲什麼還是有很多人學了卻還是做不到呢？因爲你只學了工具，而法則十就是要跟你分享我「分析聚焦時的思考邏輯」，當你明白之後，就能靈活運用你曾經學過的工具。

重點回顧

時間是重要的關鍵因素，需要有意識地限制和管理。

2 失敗的原因不是做太少，而是做太多

時間是很重要的關鍵因素，所以我在處理事情的時候，都會以時間利用率最大化做爲第一個思考邏輯，但如果你沒有限制時間，人們就會不在乎，通常你也會分散資源導致失敗。

還記得我在祕密一「信念」中提到，我從五月天主唱阿信的故事中，體悟到「紙、水、天決策法」，透過「一張紙＋一瓶水＋一天的決策法」，雙重限制了「時間」，並把「提問文件化」，這個做法十分奏效。

你察覺到了嗎？「紙、水、天決策法」其實就是一種分析聚焦的思考邏輯方法，而我們在帶領團隊，或是打造事業的時候，要把這個思考邏輯放大到每一件事情上面。多數人不會分析該聚焦在哪些事情上面，所以你會發現一群人在做事情的時候，會「越做越多」，其實就跟「旅程包包理論」所說的一樣，因爲「不知道要做什麼」，所以乾脆全部

都做好了，但也因爲這樣，團隊在不知不覺中被拖垮。

身爲團隊領頭羊或是想成爲關鍵角色的你，我必須先說一個殘酷的事實：**多數人或團隊會失敗，不是因為「少做了什麼」，而是因為「做太多無效益事情」，導致資源匱乏崩解**。要解決這個問題很簡單，就是把最關鍵的資源，進行有意識地強化並限制起來，而這個資源就是「時間」，整個專案的時程就如同包包，而每個時間單位，就是包包裡分隔出來的小格子，當你每次討論事情的時候，有意識地將「時間」做爲限制條件，大家就會開始聚焦，爲什麼？因爲時間不夠用，所以必須做取捨，一旦取捨，就會更聚焦。

或許一開始的取捨不一定正確，但至少開啓了第一步：**「分析哪些東西要取捨」**。

如果你在打造一個事業，還必須把「時間」看成是「貨幣」，縱使你沒有開創事業，我也會跟你分享，越早把時間當作是貨幣，就越容易踏上關鍵的位置。怎麼說呢？假如你正在進行一個專案，你所投入的資源，都會跟時間有關係，例如執行、調查、修改……都是在花時間，所以進行任何一個分析聚焦時，用時間做爲基礎單位來評估是非常有用的。但是時間的流逝通常會讓人無感，所以要把時間轉換成對應的「價錢」，這時就會發現一件有趣的事情了——**你可以把整個專案所投入的「金錢」算出來，然後再針對你在這整個專案所帶來的「價値」，去計算出你投入的「金錢」是否有價値**。

這就是我很常用的**「時間貨幣價值平衡法」**（Time Coin-Value Blance, TCVB），這背後的邏輯很簡單，多數人無法分析的原因，是因爲沒有比較的方式，所以我把花費的時間轉換成金錢，然後計算投進去的價錢，能否把它轉換成對應的價值來分析事情。舉個例子來說，如果今天你跟朋友共五個人要出國去玩，你們正準備結束旅程回國，但遇到了颱風，航空公司正在判斷航班是否要停飛，然而你們正在機場準備要離境。這就是一個很需要分析的情況，如果是我，會這麼判斷：今天我們五個人因爲航班停止，導致大家都被迫留在機場，我們並不曉得會被留多久，但我們五位都是創業者，隔天都有必須要開的會議。假設我們一個人滯留一天，轉換成貨幣會是五萬元，也就是一旦飛機一停飛，我們至少會損失二十五萬元起跳，假設一個會議所帶來的價值都是十萬元，那五個人、五個會議，就會高達五十萬元！也就是說，如果我們滯留在國外機場，總共會付出的成本是七十五萬元的損失。

如果我現在立刻去訂飯店，好一點的飯店，假設一個人一晚一萬元，因爲大家隔天都有會議要進行，保險起見，我先請大家把隔天的會議轉成線上形式，如果不能回去，還可以進行線上會議；如果可以依原定計畫時間回去，還是可以如期開實體會。所以我假定一人住兩晚（滯留一天的費用跟隔天可以舒適開線上會議的費用），雖然這樣我們五人要花的成本是十萬元，但因爲可以如期進行會議，所以可以獲利五十萬元，計算過後，我們可以獲利四十萬元！

也就是說，我不準備任何事，損失七十五萬元；先去訂飯店，轉成線上會議，最多損失十萬元。那這時候我就會判斷，此時應該要立刻搶飯店，因爲要是眞的停飛，旁邊的飯店可能會立刻客滿，那大家就只能狼狽地結束旅程，然後還要很克難地開線上會議。

你發現了嗎？其實任何分析，一旦把時間的限制放進去，並將時間貨幣化，你分析的方法就出來了，一旦分析出來後，就會發現如果「停飛」，飯店就會變成「稀有資源」，所以整個團隊要立刻聚焦，去訂飯店！

其實多數人之所以無法分析與聚焦的原因，**在於不知道之間的共同價值語言**，所以透過「時間貨幣價值平衡法」，把資源都貨幣化，就相對容易去做判斷，如果你正在帶領一個團隊，或是正在做一個專案，首先要做的事情就是把時間都限制下來，這樣你手邊有了時間貨幣，就會有所限制，這時就越能夠專注分析。

要記得，如果你有無數可以花的資源，那你只會不停地拖延或是追加成本，但可怕的是，時間就是一種實質上很稀缺，但是多數人不會有感覺的資源，所以你開啓一個專案的時候，**第一個要限制的就是「時間」**。

重點回顧

1. 時間是重要的關鍵因素，需要有意識地限制和管理。
2. 使用「紙、水、天決策法」來分析聚焦。
3. 使用「時間貨幣價值平衡法」來評估投入的資源是否有價值。
4. 限制時間可以幫助團隊聚焦於關鍵資源，避免做太多無效益的事情還失敗。

3 你是真的沒有時間嗎？

你現在已經知道時間要貨幣化才能分析聚焦，也知道時間的重要性，一直以來也都把時間當作稀有資源看待，但你總是覺得時間不夠或沒有時間，那該怎麼分配時間呢？

其實這背後的關鍵是因爲你對於現在要做的事情流程還不熟悉，導致你不能把關鍵的流程整理出來，所以覺得必須要投入很多時間在裡面，導致你無法聚焦。

「流程」是什麼意思？想像要做的事情，它有ABCDEFG七大步驟，這七大步驟就是一個流程。我在前面有說到，時間是可以「買到」的，意思就是，如果你很清楚這七大步驟當中，各自由你執行的代價，以及懂得花錢去買別人的時間或是使用更有效率的工具，讓第三方來幫你執行。

回到前一節的例子，我們透過「時間貨幣價值平衡法」知道，要趕緊訂飯店，對我們五人才是最有利的決定，假設這個國家是韓國好了，我們五個人都不太懂韓文，只有一人略懂，在時間、資源都有限的前提下，該怎麼聚焦呢？

我們必須要先當機立斷，拆解如果留下來會發生什麼事情：

情況A：一旦宣布滯留，機場的人瞬間都得找飯店。

背後邏輯：多數人預算不夠，又是突發事件，一定會想找相對便宜的飯店。

關鍵行動：直接從地圖找周邊飯店，由最貴的排序下來。

情況B：一旦宣布滯留，機場的人瞬間都得找飯店，並需要車來移動。

背後邏輯：多數人會傾向機場的計程車，或自己找車。

關鍵行動：要有車移動到飯店。

情況C：一旦宣布滯留，要跟航班的人確定之後處理狀況與再次飛行時間，並進行後續處理。

背後邏輯：多數人會在現場爭執，處理賠償問題。

關鍵行動：先確立聯絡人、聯絡電話，到時的集合地點就好。

情況D：一旦宣布滯留，要把原本的會議轉成線上會議，會需要電腦。

背後邏輯：多數人會自己親自跟客戶處理，以表敬意。

關鍵行動：先明確告知現況並道歉，安排後續調整。

我們一旦決定要滯留兩天的流程了，就會有以上幾個步驟延伸出來！多數人的解決方案，可能會是：一個人訂房，一個人喬車，一個人去跟航班了解現況，但最後大家全部會都卡在「處理客戶」上。這就是對流程步驟不夠清楚的結果，所以投入到「自以為只有你能做的事情上」，然後就會出現時間不夠、其他東西沒處理好的狀況。或許有些人手腳比較快，可以透過龐大的執行力去處理，但如果執行的中間出現差錯，那不就會讓整個流程停滯了嗎？

如果是我，我會這樣進行：

我們五位都先用手機錄一段影片，影片內容會是說明現況的緊急，表示歉意，感謝對方的體諒，並且會請同事協助安排事宜，我們全力配合。一個人（先暫定叫H亨利好了）跟大家蒐集影片，並且請大家提供各自要對應的同事的Email，用通訊軟體拉一個群組，把各自對應的同事拉進群組，拉進去之後都說一下現在是緊急狀況，請H亨利跟全部不在場的人說明，並進行遠端的安排。

接著H亨利會把我們五人錄的影片，各自寄信到對應的同事信箱，且他會是所有人的唯一聯絡窗口，同時H亨利留在原地，讓大家可以回來找他與確定行李，持續跟進狀況幫大家安排事情。

同時請C克萊爾立刻上網查周邊五公里內的飯店，由價格高到低排序，整理出來給夥伴。並且請會一點韓文的K凱莉，帶著另一位（我們先稱他爲M馬力）把要對飯店說的話，寫在一張紙上，使用英文＋中文拼湊的韓文唸法，內容是這樣：「我們現在需要臨時訂房，我們總共有五個人，幾人房都可以，如果有獨立五間房間最棒，以有房間爲主，入住兩天，需要用國際信用卡結帳。」如果已經有房間，就補充說明：「我們會需要穩定的網路，也需要有一輛車從飯店出車來機場接我們，我們願意額外支付五至一〇％以內的費用。」然後K凱莉與M馬力一起看C克萊爾的資料，同時間打電話訂房間。

而此時，我M馬克去將五人的資料與目前現況、個資、聯絡方式，寫成中文、英文，並花錢用比較好的翻譯軟體翻成韓文，去找目前航班的調控者，說明如果航班決定滯留，得重新劃位，需要確定劃位地點、時間、對應的聯絡方式，並請聯絡我們，記得給他一點小費！這時候流程其實已經全部重新架構了！

因爲我們的目標是：能有飯店可以住兩天，並且能夠開線上會議、有車來接我們去飯店，確保航班如果調整，我們能在第一時間知道！

我們五位都只做關鍵的事情，並花錢買到別人的時間，各自做好關鍵的事情，新的流程就變成這樣：

一、把處理客戶用的影片傳給國內的同事（買到別人的時間），並由一個人（H亨利）專門督導。

二、考量人性、目標導向，訂相對高價的飯店（買到別人的時間），較少人訂，可能機率較高，故C克萊爾由目標搜尋。

三、K凱莉是唯一略懂韓文的人，帶著M馬力一同找解法，先把要說的話「文件化」，並請飯店人員幫忙，找車也願意額外加費用（買到別人的時間）。

四、M馬克去跟機組人員協調，主要問到聯絡方式與希望對方主動通知我們，額外付一點小費請對方幫忙（買到別人的時間）。

在這樣的狀況下，每一件事都變簡單也都可以有效地分工，其中最關鍵的事情是什麼？那就是H亨利與M馬克，雖然每件事情都已經很關鍵，但是需要H亨利穩定現況，讓大家專心處理眼前的事；需要M馬克協調回家的安排，控制風險損傷。

這就是一個典型的例子，也是你在帶領團隊或打造團隊、事業的時候，會需要做的事情。

透過第一步驟調整成先把大家最在意的事情處理好，好讓大夥專心處理當下重要的關鍵，並告訴大家基礎準則，接著各自行動，將風險控管好，不讓事情更嚴重。其實這就是一個關鍵的領導人或角色，最常在做的事情。

其實聚焦不僅僅只是把資源集中，背後更多的思考邏輯是風險控管的邏輯，這也是分析聚焦的核心！透過把時間貨幣化，可以有效率地分析時間，並用貨幣化的方式，進行風險的控管、釐清流程，才能知道事情該聚焦在哪些關鍵的事情之上。

重點回顧

1. 時間是稀有資源，需要貨幣化才能分析聚焦。
2. 投入時間不夠，主要是因為對要做的事情的流程不熟悉。
3. 聚焦是指專心去做，只有你或團隊能夠做，且必須要打下來的步驟。
4. 在處理突發事件時，需要清晰的流程步驟，避免每個人投入到以為只有自己能做的事上。
5. 重新架構流程，可以避免時間浪費，提高效率。

法則十一

系統思維：成為團隊當中不可或缺的關鍵角色

當你可以很自然地帶領團隊做系統思維建立時，
就會在不知不覺中成為關鍵的人。

1 幫助你從「全貌大局」建立「系統思考」的關鍵

假設你今天要搬新家，去家具行買新沙發，你會遇到什麼狀況？

如果以較有系統思維的方式思考，你會想：「買了這個沙發，回去要怎麼擺，跟其他家具的風格會不會不搭？」你甚至會先在家預設好沙發要放在哪裡、量好尺寸，或是拍一張家裡的現況，拿到家具行現場比比看。

其實你的腦袋裡已經對這個家有一個「全貌大局」，去家具行的時候，針對預先列好的條件進行挑選就不會買錯，而尺寸、風格、材質等條件，我們就稱爲**「統一溝通語言」**，這邊所謂的「語言」不一定是說的話，而是溝通的媒介，當你有「全貌大局」＋「統一溝通語言」的時候，就會建立起一套**「系統思維」**。

但如果你只知道全貌大局，也不一定會有系統思維，也就是說，你很有可能在一時衝動下，買了一個不符合你家現況的沙發，然後買回去之後，覺得格格不入。

相同道理，如果今天你想買東西送給新居喬遷的朋友，可是你不知道他家裡的現況，只知道他平常喜歡哪種風格，你可能會買到讓他頭很痛的東西，正是因爲你只知道他的「統一溝通語言」，而不曉得「全貌大局」，所以也缺少了系統思維，就容易做錯方向或搞錯重點。

當你開始帶領團隊、當起小主管，或是組織一群人要去做一個事業時，最容易卡關的地方，其實就是大家像無頭蒼蠅一樣亂忙，雖然在法則十時，我們已經知道該怎麼分析聚焦事情了，但你或團隊不懂得系統思維，還是會卡關！

這時候的卡關並不是你們不會執行，或是不曉得優先順序，而是當下你們無法知道全貌全局，團隊夥伴對全局的想像不一樣，導致「統一溝通語言」也不一樣，最後就變成要開始進行的時候，會發現各部分都整合不起來，又或者是做完之後才發現大家對最終的全貌想像都不一樣，得重新執行或修補，最後時間就過了，然後又卡關了！

學會「以終爲始」

以終爲始其實就是要**以最終期待達成的目標，反推一開始要做什麼事情**。

這背後的關鍵就是要「看明白大局與全貌」，透過了解全貌的過程，一路拆解需要進行的小任務，簡化你要做的事情與發現關鍵要做的事情，並建立執行時間的順序。如果你正在帶領團隊，或者是正在打造事業，從最終目標反推回現在該做的事情，才能讓你事半功倍，減少彎路。

從全貌大局要反推的「始」才是核心關鍵思維，也就是系統思維的最大核心祕密：統一溝通語言。

我在前面有說到，很多時候縱使已經分析出該聚焦的關鍵了，但缺少了解「統一溝通語言」，所以導致整合不出來，或是亂忙一通。當你有了「統一溝通語言」，就可以安排團隊進行分工合作、訂下各自分工做事的標準協定等，自然而然地做出東西，就不會整合不起來了！

那麼，什麼是統一溝通語言呢？

舉例來說，如果你的團隊是由全球各國人士所組成，如果大家說著各國的話，即使有最終結論，可能還是會出現大家各自把分內事做完之後，卻無法把所有東西組合在一起。所以身爲團隊領導人的你，就需要跟大家說：「我們統一用英文溝通。」且爲避免有口音太重的問題，所以都要以Email的方式溝通，提前一天把開會內容整理成文件，發信給大家，讓眾人討論的時候，縱使聽不懂彼此的口音，還是有文件可以先看。這就是「統一溝通語言」，任何團隊、事業如果沒有一個統一溝通規則就無法整合，一旦資訊無法整合就無法判斷要在什麼時間做什麼事情才恰當，導致做事時會猶豫、事倍功半，甚至是做完之後卻發現用不上，這都是缺少「統一溝通規則」才會造成的結果。

降低溝通成本，增加累計效益

你可能會問：「我能夠明白人對人需要一個統一溝通規則，但對事情或對專案呢？」這是一個非常好的問題，對此，我很喜歡舉樂高爲例。它們是一家很有智慧的玩具製造商公司，它的產品最厲害的地方在於任何零件都可以組裝起來，變成一個不一樣的東西，這其中關鍵就是「統一溝通語言」：樂高的卡榫、大小、高度，都有一個標準規範。也因爲如此，日後的任何專案、行銷、生產出來的產品，都可以不停地疊加上去，讓整件事情有累積性！不僅是樂高，像是IKEA、Apple、可口可樂、麥當勞等偉大的企業，都具備這個要素。

我在協助客戶進行數位轉型時，一開始通常會看客戶內部的專案會議狀況，以及他們的產品線之間是否有統一溝通語言。企業通常都會有自己的SOP，所以大家看起來都井然有序，但關鍵就在於各自的SOP串接起來時，是否有統一溝通語言，從這裡就可以看出要調整的環節了。因爲這時會發現，各個ＳＯＰ間可能毫無相關，甚至會有ＳＯＰ被制定但從來沒被使用過的問題，這些都是當初沒有用系統思維來建立ＳＯＰ所導致的。

第二個就是看開會的資料與過程，因爲開會就是**「人與人的系統交流」**，最常遇到的狀況就是各說各話，或是開會之前沒有先看資料等，像這種形式的開會都只是在浪費資源。那該怎麼辦呢？這時候只要問：「三個月前的一場會議，目前資料放在哪裡？可以請人幫忙找出來並說明一下跟現在執行的專案有哪些高度相關。」通常這一問下去，就會需要找很久的資料，找出來之後又會發現做的事情跟現在沒有累積，**所以得先幫他們建立「最終目標」、回推「統一溝通語言」**，只要把這一步做好，基本上效率就會提升很多。

其實法則十一就是法則六的延伸，也就是能不能以全貌大局系統的方式，發現統一溝通語言，讓所做的事情進行價值累積、降低溝通成本，這就是管理學常講的**「降溝通成本，增加累計效益」**，只要遵循這個法則，不論你是帶領團隊或是打造事業，都可以事半功倍！

重點回顧

1. 「以終為始」的概念可以幫助建立系統思維與統一溝通語言。
2. 統一溝通語言的建立是以全貌大局的方式反推出的「始」，是進行有效整合的關鍵。
3. 建立統一溝通語言可以降低溝通成本、增加價值累積。
4. 當處理多人協作的溝通時，以全貌大局的方式建立統一溝通語言。

2 從凌亂中組織規則的人，就會是關鍵角色

具有「從零散狀況推敲出大局全貌，並且制定統一溝通規則」的人，一定是關鍵角色，所以如果期許自己未來能扮演這樣的角色，又或者是你現在已經在帶領團隊，但過程卻很痛苦又事倍功半，那麼你一定要讓自己開始養成「系統思維」的思考方式。當你有了全貌大局以及統一溝通語言，就可以更好地針對整個事業的內部流程進行簡化（法則三）、模塊（法則六）的建立，這時因為你已經很清楚知道整體的樣貌了，所以你就不會設計出模塊跟模塊之間沒有辦法溝通的狀況，你也可以知道哪些簡化才是真正有效益的，不會搞錯方向。

系統思維分成兩種狀況：**優化型與創造型**。

如果你正在打造一個已知的事業，例如加盟別人的品牌，又或者是在公司內部升遷到事業體的相關負責人，那你要學會了解大組織下的全貌，並看看如何更優化統一溝通語言

與模塊，讓團隊夥伴往同一個地方前進，也就是說，你在已知全貌大局的狀況下，**以終為始的優化與建立統一溝通語言**。

如果你今天想要打造一個市場本來就沒有的品牌或組織，你就必須用以終爲始的方法找到你的定位，並把全貌大局勾勒出來，藉此將你正在做的事業統一溝通語言與模塊，建立出來。這時候你才能吸引市場、人才等資源，幫助你壯大品牌或事業！

這邊也提供一個簡單的流程，幫助你從混亂當中，摸索出系統思維的幾個階段做法：

一、對全部夥伴進行個別訪談，對現況做全貌了解

如果是優化型的系統思維建立，在很混亂的時候，通常最好的方式就是針對現有的夥伴進行訪談，問他們對自己正在做的事情有什麼看法、對團隊所做的事情的看法、自己在團隊當中的角色是什麼。關鍵在於分開「個別問」，以避免資訊互相影響，這個階段我稱之爲**「團隊盤點」**。

二、把訪談中正面的部分整理成簡報給大家看，並請大家分享，從中看到什麼？

這時候就是在凝聚共識，也就是將大家心中的「全貌大局」勾勒出來，當然，也有可能在訪談之後，發現大家完全不清楚大局是什麼，身爲關鍵人物的你在此時就要嘗試「總結全貌」，找出一個最有共識的切入點，並透過那個點，把全貌講清楚，這階段我稱爲**「全貌總結」**。

三、當大家分享從簡報中所看到的東西，你會聽到不同的聲音，此時要記得記錄下來

此階段我稱爲**「簡化語言」**，因爲之前並沒有統一溝通語言，所以這個階段會很混亂，這時不需要引導，只需要在旁邊聽，並記錄下來，你可以一直拋問題，讓大家提出對這件事情的「說法」，例如你會聽到有人在乎顏色、時間、分工、目標客戶等，你的角色就是要蒐集這些語言，然後到下一個階段進行模塊化。

四、把大家講到的關鍵用語與想法條列出來，進行統一溝通語言建立

這個階段我稱爲**「建立統一模塊」**，發現到了嗎？其實統一溝通語言就是帶領團隊的第一個「模塊」。

當上述四個步驟完成的時候，其實就如同樂高的卡榫大小與底座早已打造好了，而現在就是把你們團隊的系統思維「卡榫」「底座」建立起來。

創造型的系統思維

既然是創造一個品牌或新的事業體，就沒有優化型的夥伴訪談，因爲夥伴們也不清楚啊！所以除了上述四個步驟以外，在前面再加上A、B兩步驟：

A：對你想進攻的市場進行調查，找出客戶在哪裡

沒錯，就是市場調查！但很多人在講市場調查，都是要調查好不好賺、有沒有競品等問題，但其實那些都不是關鍵，你眞正要調查的是**「你的客戶在哪裡出沒」**。

當你還沒有夥伴全貌的時候，其實要訪談的就是「第一批用戶」的理解，並把他們對全貌的理解收斂出來，所以第一步當然就是用市場調查找出他們啊！

B：訪談你的客戶，對生活的全貌想像

很多人在做客戶訪談時，最大問題就是問他們一個你還沒做好的產品或服務的假設，但這一個動作基本上就錯了，因爲人們完全想像不出來！你應該要問他對於現在的生活流程或工作流程有什麼看法、有什麼覺得很棒的地方、很難搞的地方，這時候你才能問出一個你的全貌。

「人們買的是那○．五公分的孔，而不是打洞機。」這是行銷上很常講的一句話，意思是指，你賣打洞機，縱使把打洞機講得再好也無意義，因爲消費者想要買的是他買了打洞機回去之後，打出來的洞能不能符合需求，也就是說，如果你想要切入打洞機的市場時，不能問客戶：「你用打洞機的時候會遇到什麼困難？」因爲不論他有什麼困難，他都講不清楚，因爲他已經可以用現有的工具打出他想要的洞了！所以即便聽了他對打洞機的看法，你優化了之後他也不一定會買，這樣豈不是白費工？所以更正確的訪問方式是：「你買打洞機是爲了要裝潢嗎？還是要掛東西？那你在這過程中，有什麼覺得不愉快的經驗可以跟我分享，又或者是有什麼好的經驗可以跟我分享？」

其實這時候的關鍵，是在針對「目的」進行訪談，假設他說：「我是爲了裝潢買打洞機的，原本以爲買回去就可以直接用了，沒想到買錯鑽頭，回去之後不能在牆上打洞，還因此又另外去買了另一個鑽頭回來！」這才是全貌大局，你的用戶想要的是「可以讓他知道哪些材質可以鑽的打洞機」，這時你再把這個大局描述清楚，帶回團隊，走之前的一到四步驟！

當你可以很自然地帶領團隊做系統思維建立時，就會在不知不覺中成爲關鍵的人，你可能會問：「感覺需要很強的溝通技巧？或是很強大的人格魅力？」其實關鍵角色不一定是很會溝通的人，也不一定是很有魅力可以說服別人的人，而是**可以透過自己的方式，影響別人說出心裡話的人，才是關鍵人物！**

目前是否爲領導者不重要，重要的是能不能讓大家有共識，同樣道理，要知道團隊裡有哪些人能夠影響大家的共識、你的用戶中，哪些是會影響共識的，那這就關鍵角色，而你該怎麼成爲這個角色，就是可以努力的方向。

重點回顧

1 能夠從混亂中摸索出全貌大局，建立統一溝通規則，是團隊中的關鍵人物。
2 領導者的關鍵在於，需要訪談夥伴對全貌的理解，收斂出有共識的系統架構。
3 當你面對未知全貌時，需要透過市場調查和客戶訪談，收斂出一個全貌大局的構想。
4 系統思維分為優化型和創造型兩種，針對已知事業和全新事業建構。
5 團隊盤點、全貌總結、簡化語言、建立統一模塊是系統思維建構的重要階段。

法則十二

疊代決策：建立你和團隊的關鍵決策模型與標準

疊代決策的重點在於為你們的目標定義標準，才能疊代你下一步該怎麼想與做。

1 把做過的決策變成一個決策知識庫

疊代決策是什麼呢？簡單來說，就是建立一套**「可記錄的決策過程」**與**「建立團隊決策知識庫與標準」**。

那跟疊代有什麼不同？疊代比較重視的是「執行」或是「技能的學習」，而疊代決策重視的是，團體當中對於面臨問題的「決策」進行疊代，也就是更加重視「決策時的想法與背後的思考方式」。因爲在很多人的狀況下，每個人的決策方式都不一樣，所以如果希望帶領團隊或是影響團隊，就必須要讓大家能夠互相明白團隊背後的決策邏輯，並請大家共同疊代修正，讓未來的決策可以更加有利於整個團隊。

人類之所以可以有文明的發展，就是因爲比較有影響力的人，會將決策過程、想法、作法記錄下來，用故事、文字、圖畫的方式，分享給大家，幫助大家在下次做類似決策時，可以更快速地反應。

其中「故事、文字、圖畫」就是「可記錄的決策過程」，因爲只有把它記錄下來，團隊才能一起討論、修正並一起疊代，幫助團隊與自己在下一次遇到這個狀況的時候，可以有之前的範例，讓自己能快速模仿，又或者是修正自己的決策。而反覆修正久了之後，會變成你一定聽過的範例，又或者會有一些很明確的規則被制定下來，此時就會形成**「建立團隊決策知識庫與標準」**，若有任何一個新成員加入團隊時，可以幫助他快速進入狀況，並且加入疊代的循環當中。

想像一下，如果你和團隊正打造一家披薩店。剛開始，大家都在摸索如何製作最好吃的披薩，每個人都有自己的方式和技巧，爲了確保品質穩定且提升整體效率，你們決定記錄每個人製作披薩的過程和心得，如此一來，每個人都能學習和優化彼此的優缺點，也能更快速地找出可以改進的地方，這個過程就是「可記錄的決策過程」。

一段時間後，你們發現有些製作披薩的方法經過多次嘗試後，已經被證實是有效的。於是，這些方法被整合到團隊的「披薩製作標準」中，成爲了大家共同遵循的規範。新加入的成員只要按照這個標準去操作，就能快速地融入團隊，提升整體生產力。

這樣的過程就是「疊代決策」。**透過不斷地嘗試、記錄、檢討和修正，團隊不僅提升了技能，關鍵在於，大家學會了如何一起面對問題、共同成長**。因爲疊代決策的重點在於如何將決策品質越疊代越好的過程，在這過程中，能夠引導團隊疊代決策的人，自然會成爲關鍵角色，帶領團隊走向更大的成功。

打好團隊管理基底

什麼是知識庫？簡單來說，就是把**所有知識和經驗整理、歸納、保存下來，方便在需要的時候查閱和應用**。

將做過的決策記錄下來，包括決策的背景、原因、過程和結果，最重要的是思考過程。這些紀錄可以是文字、影像、錄影、錄音等形式，重點是要能夠清晰地表達出決策的內容和意義。我習慣搭配流程圖與文字，去記錄相對熟悉的事情，但相對不熟悉的事情，或是沒這麼多時間可以處理的事情，就用錄影的方式，效果也很好，等到未來有空，再回來整理成文字與流程圖就好。

接著，將這些紀錄進行整理和歸納，形成一個框架或一個範例，如果以後再遇到，就可以直接使用。通常我習慣用不同的目標、情境等進行歸納和分類，形成一個層次清晰、易於理解和應用的知識庫。

接下來就是重點，你必須不斷更新和擴充這個知識庫，不斷從過去的決策中學習和反思、發掘新的解決方法。這個過程就是「疊代決策」，你去疊代思考方式，並挖掘出更好的解決方法，此時你還可以進行檢討，看看之前的決策是否還能更好，會幫助你做決策的品質提升。

透過「疊代決策」的方式，更加深入了解你所面臨的挑戰和問題、更好地掌握決策的要點和關鍵、更有效地達成目標與突破困難成爲菁英。

如果你正在管理團隊，或是你正在打造事業，一定要讓團隊一起參與「疊代決策」，這樣才能讓團隊能夠自己成長，而不是只依賴你的知識庫。你要讓夥伴們知道，將已做過的決策變成一個知識庫，也是團隊協作上非常重要的一環，當成員們遇到相似的問題或挑戰時，可以透過之前的決策知識庫，快速找到解決方案，也能夠更好地協同作業，減少重複的問題出現，提升整個團隊的工作效率與品質。

當然，你開始引導大家建立團隊知識庫的時候，夥伴們一定會有所抗拒，所以當我在帶領團隊或是引導客戶時，我很常使用的方法如下：

一、不必在乎格式，先讓大家養成習慣，願意「記錄決策的過程」

這時候你要的是可以遠端協作的工具，像是Google doc或Notion都是很方便使用的簡易工具。

二、蒐集決策時用到的原始資料

其實很多決策無法被學習或是疊代，是因爲決策的人，在過程中有查詢一些資料，但他並沒有收集起來，導致決策在疊代的時候，不知道爲什麼就這樣產生出來，無法疊代；而後面的人要學習的時候，也因爲沒有中間的資料輔佐，導致學習的斷層，無法有效傳承這個決策知識庫！

三、每週定期將決策拿出來做案例分析

團隊成員每週定期舉辦會議，在這個會議上不批評原有的決策過程，而是提出「改進方案」，讓決策品質提升。在會議之前，大家都得先看過這個專案的決策紀錄，並且進行共同討論，如果下次再遇到的話，會怎麼決策，並提出一個共識。

四、將決策的過程，整理成「思考步驟」並建檔固化，放入決策知識庫裡

前面三個步驟都是在進行疊代決策，而最後一個步驟，則是進行「固化」，若要固化決策，你需要一點技巧，就是把它變成「步驟」，如此一來，接續的人才能跟隨著這些步驟再做一次，以完成類似的決策。

但有了這些決策知識庫之後，它可以變成一個很棒的團隊管理基底，但要怎麼疊代得更有效益，關鍵就在於訂立「決策品質好壞的標準」。

重點回顧

1. 把做過的決策變成一個知識庫，可以讓個人和團隊獲得更好的成長，也能更有效地管理和發展事業。
2. 記錄決策的背景、原因、過程和結果，並進行整理和歸納，形成易於理解和應用的知識庫。
3. 如果你正在管理團隊，或是正在打造事業，一定要讓團隊一起參與「疊代決策」，如此一來，才能讓團隊能夠自己成長，而不是只依賴你的知識庫。

2 沒有標準的東西無法被優化

疊代決策的重點在於：**為你們的目標定義標準，才能疊代你下一步該怎麼想與做**。

沒有標準的東西，就像是沒有基準一樣，很難評估它的優劣與進行優化。做決策時也是一樣，如果你沒有一個標準或基準，很難知道這個決策是否達到了最佳狀態，或者是否有改進的空間，很難疊代你的決策品質。舉例來說，假如你要決定團隊是否要進行一個新的產品研發，但是你沒有標準來評估研發的成本、風險和預期收益等等因素，你很難知道這個決策是否是最好的。

透過訂立標準，我們可以評估決策是否符合我們的期望，並且知道哪些方面需要進行改進。同時，也可以將標準做爲基準來進行疊代，不斷優化決策品質。訂立標準不僅可以幫助我們做出更好的決策，也可以提升決策能力和經驗。舉例來說，如果你想要減肥，但沒有標準去評估你的進展，你很難知道計畫是否眞的有效，或是你需要做哪些調整，所以這時候你第一件要做的事情，就是買體重機跟鏡子！體重機爲你帶來一個量測紀錄工具，鏡子給你一個視覺紀錄工具！這時候你可能還需要一個標準，所以可以找一位你嚮往的藝人，將他的體重當作努力的標準，這樣就有疊代努力的方向。

如果你訂立了每週減少一公斤的標準，或是每天攝取多少卡路里，就可以追蹤你的進展，看看你是否達成了這些目標。如果你達成了目標，就可以爲自己感到驕傲，並繼續努力保持這個進展；如果你沒有達成目標，就可以考慮哪些方面需要調整，例如增加運動量或減少攝取的熱量，這時候才能「疊代」！

在團隊管理中，訂立標準更是不可或缺的。如果團隊中沒有一個明確的標準，那麼每個人的想法和方式都會不同，導致決策的一致性和品質都很難保障。訂立標準可以幫助團隊成員更清晰地了解目標和期望，並且能夠有一個共同的基準來進行協作，同時，也可以幫助團隊進行知識管理和疊代，提升整體的決策能力和品質。

「疊代決策」的過程中，訂立標準是非常重要的一個步驟，以下是我認爲設計標準時需要注意的幾個關鍵：

一、建立團隊共識標準

訂立團隊標準不是單一人做決定就好，而是需要團隊成員共同參與討論和分享，確保每個人都理解標準的重要性和目的，並且對內容有共識。

二、清晰明確的標準

標準需要非常清晰明確，最好要多舉例，例如具體的量化指標、要求、限制等等。如果很難量化，至少要用圖形顯示出來！

三、相對應的目標

標準需要有相對應的目標，確保訂立標準是爲了達成目標，而不僅僅是爲了訂立而訂立。我在做顧問的過程中，常碰到領導人把KPI變成標準，這時候就變成爲了訂而訂，關鍵在於此時的標準，是爲了提升決策品質而訂的標準，而非訂KPI。

四：根據實際情況制定

要基於實際情況，考慮到各種限制因素，例如人力、時間、資源等等，以確保標準的可行性和實用性。很多人在定調標準的時候，會直接模仿別人，我只能說，當你在執行疊代時，這方法是可行的，但當你在「疊代決策」的時候，這方法風險很高，因爲疊代決策背後的疊代是「思考方式」，也就是每個人、每個團隊基本的思考方式一定有沒被揭露出來的地方，貿然地學習，可能會讓你踩進大坑而渾然不知！

五：標準也需要疊代

標準需要定期檢討和更新，以確保實效性和可持續性。如果標準在實際應用中出現問題，需要及時進行調整和修正。

六：真實記錄與隨時分享

訂立標準需要記錄和分享，以便團隊成員能夠隨時可以查閱，確保標準的一致性和可執行性。

綜合以上六點，我們用打籃球來舉例好了。假設你是一個籃球隊的教練，你希望團隊能夠打出更好的戰績，就需要進行決策，例如選擇合適的陣容、戰術等等，而如果你想要進一步提升團隊的表現，就需要定期進行決策的疊代和優化，以達到更好的效果。

但是！如果你沒有訂立標準，該怎麼知道哪些決策是有效的，哪些是無效的？

舉例來說，你選擇的陣容在第一場比賽中表現不佳，你是否能夠明確地知道是哪些因素導致失敗？如果你想要優化陣容，又該怎麼知道哪些球員是必須留下的，哪些球員可以替換掉的？這時候，就需要訂立標準，譬如在選擇陣容時，可以設定一些評估標準，像是體能、技術水平、戰術適應性等等，透過這些標準，可以更加客觀地評估球員的表現，並選出最適合的陣容。

同樣的，如果你希望團隊能夠打出更好的戰術，你也可以訂立一些標準，例如在進攻時需要注意哪些細節、如何與隊友協作等等。透過這些標準，可以幫助球員更好地理解戰術，避免出現細節上的瑕疵，進而提高整個團隊的表現。

因此，**在訂立「疊代決策品質」時，訂立標準非常重要，它可以幫助你更好地了解決策的效果，提高決策的品質**。同時，訂立標準也可以讓團隊成員更加清晰地了解決策的目的和方向，更好地協同作業，進而提升整個團隊的表現。

重點回顧

1. 沒有標準的東西，無法被優化。
2. 訂立標準有助於優化和改進決策過程。
3. 在團隊管理中，訂立標準能確保決策的一致性和品質。
4. 訂立標準時需要注意的關鍵要素：團隊共事、清晰明確、對應的目標、根據事實、標準也要疊代、真實紀錄、隨時分享。

05

第五部
面對未來，「行動」才能成為關鍵

從「信念」到「關鍵」，從個人、工作、再到打造事業，你都已經慢慢地了解，並且知道用十二個法則來幫助你怎麼面對自己、克服困難、自我學習，但我想跟你說的是：「如果你只是已經知道，但遲遲不行動，那你的未來還是跟之前一樣，不會有所改變！」

面對未來生活中，我們可以懷抱各種期待與夢想，但若只停留在空想與妄想，終究無法達成目標，進而成為理想中的自己。所以，為了讓未來的自己變得更美好，我們除了運用法則一至十二調整思維與並進行計畫，更重要的是，行動才是改變的關鍵。

這個世界是靠行動來改變的，而非靠空想來改變的，而最好的改變，就是當下改變！法則十三到十四也可以在未來，又或許你卡關、茫然的時候回來看它們，或許，這是讓你提醒自己重新拾回行動力的關鍵！

法則十三

行動是關鍵：思維很重要，但行動才是改變的關鍵

如果我們想要實現自己的目標，想要成長改變，那就必須採取行動，不斷前進。

1 改變，從此刻開始

「不要成爲思想上的巨人，卻是行動執行上的侏儒。」思考和計畫都很重要，但如果沒有行動，一切都只是空談。有時候我們會陷入一種思考的困境，可能會花費大量的時間和精力來思考一個問題，嘗試找到最好的解決方案。但是，在某些情況下，這樣的思考過程可能會讓我們停滯不前，導致失去了行動的動力。

實際上，**行動和思考是密不可分的**。我們需要思考目標、制定計畫，然後採取行動來實現這些目標。但是，如果一直在思考而不行動，那麼就永遠無法實現目標，過去有些客戶、夥伴或是創業者，想要尋求意見的時候，通常我都會問「已經試過了嗎？」

太多時候，你只是因爲害怕失敗，而一直拖延，導致心中的假想恐懼越大，就越不行動，這時候我都會說：「反覆執行盤點、分析、簡化、發現，會幫助你不怕失敗，反覆地修正自己，同時也在行動，一步步地推進目標！」

行動還可以**幫助我們克服恐懼和不確定性**。當我們面臨一個新挑戰時，可能會感到不安和恐懼，這是很正常的，人類之所以可以存活這麼久，就是因爲人會在沒事的時候，腦補出各種會傷害自己的事物，進而在腦中演練，以防止未來遇到的時候，身體可以自然做出反應。但是在現代社會，我們已經沒有太多生存上的威脅了，所以腦補出來的大多都是跟人際相關的恐懼，這時如果我們一直拖延，反而會變嚴重，但如果我們採取行動，我們就會逐漸克服這些感受，變得更有信心和勇氣。

行動也可以**為我們帶來成就感和滿足感**。當我們開始行動，會看到成果慢慢地具體化，當實現目標時，會覺得自己做了一些有意義的事情、正在成長，這種成就感和滿足感可以激勵我們繼續前進，實現更多的目標。

所以，越是害怕失敗而不行動的人，越不會成長，反之，越不怕失敗先行動的人，或許會遇到挫折，但成長的速度會快很多。無論我們面臨什麼困難，只要勇於採取行動，相信自己，最終你會看到更好的自己跟你招手，而未來的自己，也會感謝現在的你願意開始行動而改變！

知道跟做到的差距，在於努力地大量執行與練習

我在法則七時曾和大家分享「知道跟做到的差距，在與努力地大量執行與練習」這件事，這個情況在每個人身上都曾出現過，知道與做到的差距，就在於你是否願意花時間大量執行與練習。成功的人、關鍵的人並不是因爲他們比你聰明或運氣好，而是因爲他們願意在日復一日的努力中，不斷培養自己的能力與實力。

就如同健身一樣，其實最困難的是一開始養成健身習慣，那時候很無聊又沒有成就感，但是一旦你突破一個關卡之後，就會變得比較輕鬆，而且會不自覺想做它，然後越做越好。

我最喜歡用一個物理學現象，來說明這件事情。我們在移動物體之前，會需要推動他，這時候會有點難推，但一旦開始推動之後，就會發現變簡單了！這背後就是所謂克服「最大靜摩擦力」之後，「動摩擦力」反而瞬間往下掉，變輕鬆了，但是如果你又停下來，要再重新啓動，就又得再克服一次最大靜摩擦力，一樣的，你在成長與自我改變的同時，也會有「行動」的「最大靜摩擦力」要克服，與「動摩擦力區間」的輕鬆（見圖5-1）。

當你知道一個新知識時，就如同你開始站上了那一條行動軌跡，但往往你可能只做幾次就放棄了（沒有克服最大靜摩擦力），又或者是做到一次之後就停下來了（克服了最大

靜摩擦力就停止），那等於你好不容易克服了行動的最大靜摩擦力，進入到輕鬆的動摩擦力區間，就又停下來，下次又再克服一次，這時候你只是反覆地在消耗力氣罷了。但如果你持續地大量練習跟執行，等同於你一直在動摩擦力上，這樣反而是省力的，而且會越做越有成就感，也越能看到自己的成長。

想成爲一位出色的職場人士或者是關鍵角色，就必須學習與實踐專業知識，並時刻關注環境變化，**要怎樣讓自己省力地持續執行就是關鍵**，而其中的方法，就是一旦執行了之後就養成習慣，持續保持在動摩擦力的路徑上，不要再重新啓動！

只要你肯努力，就能夠取得想要的成就；不要害怕失敗，因爲每一次失敗都是學習的機

5-1　動摩擦力圖

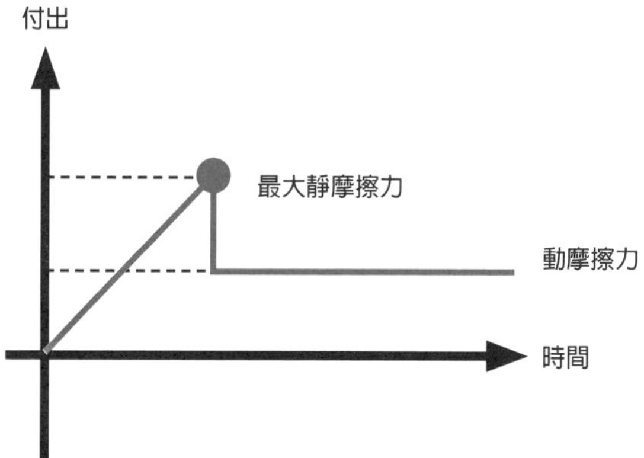

會；不要害怕犯錯，因爲每一次錯誤都是一次成長的機會。只要持續執行與練習並反覆修正，相信自己的能力與潛力，你一定可以取得驚人的成就！

我也分享一個訣竅給你：**不要等到有人告訴你要去做什麼，而是要自己主動去尋找機會，因為只有在實踐中，才能真正體會到成就所帶來的開心**！而立即行動的最好方法，那就把事情切割到最大靜摩擦力相對小，那麼你就可以很快地去持續啓動它。

舉例來說，或許有些人爲了減肥去跑步，然後就想說要買很好的裝備才能去操場跑步，但通常這樣，失敗坐收的機率很大，要是我，我會怎麼做呢？爲了讓啓動變得簡單，我會改變心態，不是爲了去跑步，而是訂立目標：吃飽飯後一定要下樓走動。因爲我的腦袋這時就不會覺得，要做很多事情，導致還沒到最大靜摩擦力之前就放棄了，也就是說，我讓大腦覺得這件事情是很簡單的。

所以行動力高的人都有一個特點：**會把事情切得很小塊，讓自己可以快速啓動**。這就是爲什麼法則三「簡化」和法則六「模塊」很重要的原因，因爲只有簡化與模塊，才能降低「最大靜摩擦力」，讓你更快速地動起來！

再舉個與我相關的例子，當我開始要經營「馬克凡生活CEO」的Youtube頻道時，爲了讓我可以更快速地產出，讓自己養成每週更新兩次的習慣，我的作法很簡單，用最簡單的手機錄影，講的內容就是平常我在公司會講給夥伴們聽的觀念，當作跟手機聊天，並在公司的倉庫整理出一個角落，就開始拍攝了。

在這種狀況下，我啓動的「最大靜摩擦力」就很低，而且一旦啓動之後，也不太會停下來，接著再開始把講法、設備、剪輯方式、簡化、模塊化、系統思維地設計整個流程，就可以讓整個過程很順利地進行下去。雖然爲了降低行動的最大靜摩擦力，必須先犧牲品質，你也可以看到，我一開始的錄影畫質、方法、收音，可能都不太好，甚至爲了可以懶得後製上LOGO，還直接把LOGO黏在牆上呢！

重點回顧

1 知道與做到之間的差距來自大量的努力、執行與練習。
2 持續練習與執行，讓事情變得更省力，更快達到自己的「動摩擦力區」。
3 主動尋找與挑戰機會，實踐中體會成就帶來的開心。
4 把事情切割成小塊，降低「最大靜摩擦力」，提高行動力。

2 成為不完美主義者，你才能成為關鍵

每個人對完美的定義都不同，而且會隨著時間和經歷的累積而改變。追求完美可能會讓我們無法專注於當下，並因爲過高的期望而感到挫折。你必須要學習接受自己的不完美，懂得欣賞自己的努力，才能讓我們在生活中茁壯成長。

其實不完美主義者，比較懂得把握機會。對於完美主義者來說，他們往往會在面對新的挑戰時猶豫不決、害怕失敗，從而錯過了成長的機會。不完美主義者更勇於嘗試，即使可能會犯錯，他們也願意把握機會學習和成長。正如愛因斯坦所說：「一個從不犯錯的人，一定從來沒有嘗試過任何新鮮事物。」當我們不再強求自己或他人達到完美標準時，能更加包容和接納彼此的差異，並願意分享自己的失敗和挫折，這樣的態度有助於建立更眞誠的互動方式，也能讓我們在困難的時刻得到他人的支持和幫助。

像我一開始錄 Youtube「馬克凡生活CEO」頻道的時候，我也會恐慌自己是不是長

得不夠好看、錄影設備畫質不好、會不會沒人看……但我告訴自己：「如果擔心這麼多，那就不用做了！」先求有再求好，我選擇開始錄影！後來影片上架之後，雖然沒有很多人看，但有觀眾在下面謝謝我，還說我講得很好，有幫助到他們，當時我因此獲得了成就感，也願意持續地錄下去。

想像一下，你是當時正準備要錄 Youtube 影片的我，如果那個時候，我一樣很堅持，要買到最好的設備、腳本要寫得很好、知道該怎麼剪輯影片、要化妝、打燈、人設都用得很好之後才開始拍片，那我可能要延後很長一段時間才會開始拍第一部片，或許永遠不會啓動成功了，也就沒有這個 Youtube 頻道了！

這樣不是很可惜嗎？我因爲經營了這個頻道，認識了更多夥伴，有機會可以幫助到很多人，也在我的業務上面有所幫助、學到了很多不同的經營方式，這一切都是因爲我一開始的「不完美」，才有後面這些美好的成長與體驗。

不要因為你的假想恐懼，而讓你失去了美妙的體驗與機會！

這邊就用我的例子來談談如何用三個觀念擁抱不完美，成爲勇敢的不完美主義者：

一、接受自己的不完美與失敗，勇敢嘗試

我就是因爲願意接受「我可能拍出人沒人會看，或是被人罵的影片」這樣的失敗，以及願意用手機的畫質與沒有太多後製來剪輯影片，這樣不完美的內容去呈現，所以更可以坦然地檢視我該怎麼成長改變，也因此，我願意嘗試各種經營頻道的方式。間接地，就學習到如何做好一個新媒體，也懂得使用新媒體來經營公司，這一切都是意外的發展與額外不同的收穫。

二、分享自己的不完美

記住，每個人都有不完美的一面。當你勇敢地與他人分享自己的失敗和挫折時，會發現他們也有同樣的困惑和掙扎。當時我四處向人請教，甚至在演講的時候，都不吝嗇地分享我的不完美，我在直播中也曾分享拍影片時的焦慮故事。

也因爲這樣，有許多夥伴與粉絲更願意協助與支持我，不知不覺中也認識到一些經營新媒體的夥伴，但這一切都是因爲我願意分享我的不完美，也因爲如此，讓人可以更眞實地感受到我的眞誠，從而得到許多回饋與反應。

三、一切都是最好的安排，享受並專注當下

有時候我們對自己的期望過高，以至於忽略了生活中的美好。試著放慢腳步，不再對

每一個環節都要求完美，感受生活中的點滴快樂。要知道，沒有人能夠完美無瑕，有時候一點小插曲，反而使我們的生活與故事，更加眞實有趣！

一開始影片流量沒有起來，跟夥伴們就在討論，會不會是我都把臉放太大的問題，後來把臉縮小之後，流量就起來了。這個故事我也常常跟人分享，當時其實很苦惱（因爲我一直很有自信可以靠臉吃飯），現在說起來很像笑話，但回想起來其實過程滿有趣的！

我以前也算是個完美主義者，也因此繞了很多彎路，如果我更早知道改變這樣的態度，很多事情我應該會做得更好。所以答應我，從這一刻開始，勇敢地擁抱自己的不完美，享受每一個當下，**你無需成為完美無瑕的女神、男神，只需接受最真實、最勇敢的自己**，然後不停地成長疊代，這樣你才可以眞正成爲生活中的關鍵角色，不論在自我成長、工作、事業，才能得到屬於自己的快樂和成功。

重點回顧

1 不要因為你的假想恐懼，而讓你錯失了美好機會。

2 接受自己的不完美與失敗，勇敢嘗試。

3 分享自己的不完美。

4 一切都是最好的安排，享受並專注當下。

法則十四

專注當下：成為關鍵，從當下開始

不要因為過去總總而後悔，也不要因為不明不白的未來而擔憂，
這些都不能幫助你變更好。

1 種樹最好的時機，一個是十年前，一個是現在

在前面的法則一到十三，你知道該怎麼克服過去種種的焦慮了，但你可能還會有一種焦慮是自己會不會太晚開始、覺得自己時間不夠，要一直追時間、看到別人越過越好，感覺好像自己在原地踏步。

但是我想跟你說，不要擔心，也不要焦慮害怕，你現在最需要做的事情就是：**想成為關鍵，就從專注當下開始！**

不要因爲過去總總而後悔，也不要因爲不明不白的未來而擔憂，這些都不能幫助你變更好，只有專注於當下，才能幫助你克服這些焦慮與挑戰。所以我常跟人分享：**「預測未來最好的方法，就是把現在做好，與其每天擔憂未來會發生什麼狀況，倒不如好好落實執行當下就好。」**

我知道人都會很心急，我過去也是這樣，但這樣一點用都沒有，因爲心急不能幫助你

解決事情，其實，只要反覆執行法則一到十三，扎扎實實地累積與疊代，就能成爲關鍵角色，所以，你所需要的是克服你著急的人性。人們總是很著急地想要到未來，總是希望自己可以很快速地達成目標，尤其是現在這個講求快速的時代，更讓人無法靜下心來。

你想成爲的關鍵就像是一棵大樹一樣，可以成爲一個不可或缺的支柱，所以你現在要做的事情，就是透過前面的法則，爲你心中的種子（信念）澆水、灌溉，讓自己成爲一棵大樹，而且不要著急。

不論你是對自我成長，或者是想在工作上有所突破，也可能你正在打造自己的團隊與事業，你會遇到很多挑戰與機會，而你都必須克服人性，唯有認眞踏實地執行當下、不停地進行自我疊代修正，才能往全新未來的路途邁進。

幫助你成爲關鍵的搭配運用思維工具

我在法則一到十二之中，跟你分享了很多思考方式與做事方法，但你可能還需要一些思維的工具，來幫助你做到這些法則，在這裡也整理出讓你可以根據對應的法則使用的思考工具。

CAPD：

CAPD是「計畫、執行、檢查、行動」（Plan-Do-Check-Act）的一種變形，是一種流程管理模型，用於持續改進流程、產品或服務。更加專注在要先訂立出指標之後，先行動再修正，很適合搭配「法則八：疊代」「法則一：盤點」一起使用。

OGSM：

OGSM是「目標、目標、策略、措施」（Objectives, Goals, Strategies, Measures）的縮寫，是一種戰略管理工具，用於將組織或部門的戰略和目標轉化爲可操作的行動計畫。這是很方便的管理工具，可以搭配「法則五：總結」「法則九：客觀歸納」「法則十：分析聚焦」搭配使用。

黃金圈理論：

黃金圈理論是由西蒙．西涅克提出的一種管理工具，旨在幫助組織或領袖找到其獨特的價值主張，以吸引忠實的客戶和支持者。「法則十一：系統思維」「法則十二：疊代決策」可以對應使用。

八二法則：

多數世界上有用的成果，都是由二〇％左右因子影響，所以要掌握這關鍵的二〇％。

「法則三：簡化」「法則六：模塊」可以搭配使用。

商業模式畫布：

商業模式畫布是一種綜合性的工具，用於概述和設計商業模式。它包括關鍵合作夥伴、價值主張、客戶關係、收入流、成本結構等方面。全部法則都可以搭配使用。

使用者歷程：

使用者歷程是一種研究用戶體驗的方法，透過模擬用戶使用產品或服務的過程，來理解他們的需求、痛點和行爲。它可以幫助設計出更優秀的產品或服務，以滿足用戶的需求和期望。全部法則都可以搭配使用。

思維工具

2 幫助你成為關鍵人物、打造事業的附加準則

你已經知道成爲關鍵的法則，也已經知道該用什麼思維工具幫助思考，但你可能還需要一些準則和工具，來幫助落實你的執行，我一樣做一些簡單的搭配，幫助你可以更快進入成爲關鍵的準則與工具。

善用工具：

如我之前所提到的，善用工具是管理工作中非常重要的一部分。確定你的目標和問題後，選擇合適的工具可以幫助你更高效地解決問題。越簡單的工具越有效，通常我在思考的時候，很常使用紙筆。

建立知識管理：

知識管理是一種管理方法，可以幫助組織或個人有效地收集、組織、分享和應用知識。建立知識管理可以幫助你更好地管理和利用知識資源。我跟團隊，習慣使用 Notion 做

爲整個知識管理的網路工具，很值得去學習使用。

順應人性：

todolist是一種超級簡單的管理工具，可以幫助你記錄和管理任務和計畫。它非常順應人性，好好活用todolist可以更好地適應你的工作和生活節奏，以便你更高效地完成任務和實現目標。其實有時候，只要todolist用得很好，就會發現你的效率提升很多！

長期閱讀：

沒錯，閱讀絕對是最大準則之一，如果你有追蹤我的話，就會知道我有建立「IMV品書俱樂部」的社群，我就是希望讓更多人習慣養成閱讀，閱讀是一種學習和成長的方式，長期閱讀可以幫助你增長知識和技能，並提高工作效率和成就。

可複製的超能學習力：

「可複製的超能學習力」是一種我研發的方法，可以幫助你更高效地學習和成長。透過學習和掌握這種方法，可以更好地提高自己的學習效率和能力。一開始我只是爲了訓練公司團隊夥伴的成長方式，但後來也做成了一門課，如果你有興趣，都可以去了解。

分享寫作：

分享、寫作和疊代是一種自我成長和學習的方式。透過分享你的想法和見解，寫作你的思考和經驗，以及不斷疊代和改進你的想法和行動，可以更好地提高自己的能力和成就。

參與社群：

聚集和建立社群是一種管理方法，可以幫助你更好地與其他人合作和學習。透過聚集和建立社群，可以與其他人分享你的知識和經驗，並學習他們的見解和方法。

開放共利：

開放和共利是一種心態，可以幫助組織或個人更好地利用資源和機會。透過開放和共利，可以更好地與其他人合作和共享資源，以實現共同的目標和利益。

準則參考

3 順風飛翔靠累積與機運，逆風起飛靠實力與堅毅

很開心你一路看到了最後，我相信正在看這本書的你，是對自己是很有期許的，或許你過去有些卡關，在這本書當中，你找到了一些方向；又或者是你很順利，但想透過這本書來幫助自己再更上一層樓。不論是哪一種，我都想跟你分享我創業多年來，感悟最深的一件事情：**生活就是一個閉環與循環，你會遇到逆風與順風的時候，但不論是哪一種，都要相信你是優秀的！**

我還記得自己有一段時間很不順，當時有一位前輩跟我說：「努力的人才會失敗。」當下我很錯愕，就立刻追問他細節，他向我解釋：「努力的人總是在找方法讓自己越變越好，所以努力的人才會失敗；而不努力的人，他們不用找方法讓自己更好，因爲他們根本不會失敗，換個方法來說，他們失敗了也不自知！」

我立刻恍然大悟，生活本來就會有起有落，當順風時要起飛的時候，我們要靠的是平

常累積的展翅練習，才能輕拍一下翅膀就起飛了，同時也要懂得看風向，才會知道哪時候要展翅，也就是說，在順境的時候，所需要的就是努力累積與懂得掌握機運。但在逆風的時候，你要起飛就必須靠硬實力，努力拍翅膀。過程當中你會很疲痛、會想要放棄，這時候你要堅持下去，一路拍翅逆風飛上平穩帶，也就可以飛到不一樣的世界。所以，在逆境的時候，**你所需要的是扎實的硬實力以及懂得堅持**，不然你天生神力也無法起飛！

不論是哪一種，你都十分優秀了，因爲你正努力飛往更高的天空，你或許會因爲在順境的時候，沒有掌握到機運，導致努力效果沒有很好，不要氣餒，你要想的是，如何在下次機運來的時候，可以確切掌握，所以現在要好好累積實力，又或許你正處於逆境當中，你已經努力到遍體鱗傷，我知道這過程很痛苦，但要相信過去累積出來的硬實力，堅持下去，到下一個循環時，你就是勇者！

我們之所以會在努力的過程中感到痛苦，是因爲期待跟現實有所落差，就像我在祕密一所說的，你要有信念，才能度過逆境！我們都是平凡的人，但也都是自己的英雄，你現在所面對的一切，都是自己選擇的，而你選擇了之後，所要做的事情，就是相信自己，然後知道自己是優秀的，因爲在生活中，你能夠相信的就是自己的翅膀，身旁的人不一定看得到你壯碩的翅膀，也就有可能因此無法認同你、支持你，但這都不重要，因爲每個人都有自己的路，而你的路就是鍛鍊翅膀，相信翅膀可以爲你帶來更高的眼界。

你看壯碩的老鷹站在枯枝上，爲什麼不擔心自己會摔落到地面？你認爲牠是相信枯木嗎？還是相信牠那雙可以飛上天空的翅膀呢？一樣的，不論在哪一種環境，你也要相信自己的翅膀，當你願意相信它時，可能會出乎意料地發現，原來自己比想像中還能展翅高飛，從此刻起，成爲你心中那頂尖關鍵的不凡人士吧！

圖5-2　本書法則總使用圖

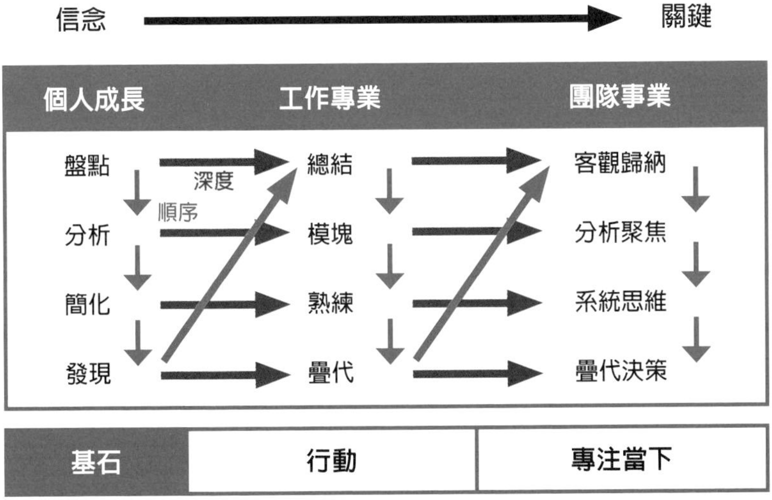

後記

在準備這本書的時候，其實我也大量地盤點過去的做事方式，一開始希望這本書是寫給許多也正在爲了夢想而打拚的夥伴，提供我的經驗，好讓大家可以少走一點彎路，但寫著寫著，我卻發現可以寫給更多人看，畢竟現在的教育在多數時候，並沒有教人如何在未知的問題中找到解決方法、在茫然的未來中，找到可以讓自己堅持下去的心理素質。

在未來ＡＩ世代中，人們最大的價值就在於解決未知的問題，因爲ＡＩ工具越來越強大，已知的問題都可以大量地使用它們來解決，但人們該怎麼探索出未知問題的解法，又或者是面對未知問題時，有一套自己的方法可以探索方向，就會是ＡＩ世代中，最強大的技能與人格特質。

在書寫的過程中，這樣的想法與意念越發強烈，也覺得自己很幸運，從小到大不自覺地受了許多貴人的提攜和幫助，進而摸索出本書提供的方法出來，或許這套方法在未來還會不停地疊代成長，但就現在而言，這就是我面對挑戰時的寶典，更是經營公司時，可以複製給我身邊夥伴的最好做事準則。

我很感謝整本書的寫作過程中，團隊的夥伴給了我許多幫助與支持，在撰寫的過程中，我也諮詢了很多親近的夥伴，透過跟他們聊天的過程，一邊把概念變簡單，並寫成文字分享出來。

我也很感謝IMV的粉絲們，因爲有粉絲們的信任累積，才有這本書的誕生，一開始與圓神出版社團隊聯絡的時候，就是希望可以寫一本能幫助年輕夥伴面對世界的準則書，把過去創業幾十年的經驗，一一精煉，才有今天的成果。

也很感謝圓神出版社的夥伴們，在寫書的時候，我也同時在商業的戰場上拚搏著，但就是有圓神的夥伴們在背後的支持與專業的協助，這本書才能生產而成，一本好書不僅要作者及其團隊的努力，更重要的是背後要有專業出版團隊的支持，才能有更棒的成果與呈現，第一次寫書就與圓神團隊合作，覺得萬分感謝。

很感謝這一路走來所遇過的前輩、長輩、長官、師長、客戶、股東、夥伴與朋友，我覺得自己很幸運，在創業與成長的路上，不停地受到提攜，所以才慢慢建立起這樣的做事價值觀，讓我在面對未知的挑戰時，有堅忍無比的信心與自我認知，可以解決種種問題，進而成長。

最後，我也萬分感謝父母、姊姊與家人，一路成長的過程中都讓我自由發揮，支持我去挑戰我想挑戰的世界。

一個人之所以能夠平安且慢慢成長，很多都是出自於許多人在背後的支持、疼愛、幫助與提攜，萬分感謝老天爺對我的厚愛。

除此之外，就如同我在書中所講的，我需要感謝的是過去努力的自己，以及現在還在拚搏的自己，因爲這樣的努力，未來的自己才會繼續感謝現在的自己！

最後的最後，就是感謝正在閱讀的你，因爲你的閱讀，我們一起變更好，一起共同成長，前往自己的目標，也因爲有你的閱讀，成爲我成長與分享的動力。

不管之後世代再怎麼變化，或許我們還會遇到更多未知且困難的挑戰，但只要你我都能保有面對未知且掌握關鍵的思維，相信我們一定都能過關斬將，向自己理想的目標前進的！

Eurasian Publishing Group
圓神出版事業機構
用心與你對話．視野無限寬廣
圓神出版社
Eurasian Press

www.booklife.com.tw reader@mail.eurasian.com.tw

天際系列 012

關鍵思維：解除焦慮，成爲不凡的關鍵人物

作　　者／馬克凡（Mark Ven）
發 行 人／簡志忠
出 版 者／圓神出版社有限公司
地　　址／臺北市南京東路四段 50 號 6 樓之 1
電　　話／（02）2579-6600．2579-8800．2570-3939
傳　　真／（02）2579-0338．2577-3220．2570-3636
副 社 長／陳秋月
主　　編／賴真真
專案企畫／沈蕙婷
責任編輯／歐玟秀
校　　對／歐玟秀．林振宏
美術編輯／金益健
行銷企畫／陳禹伶．黃惟儂
印務統籌／劉鳳剛．高榮祥
監　　印／高榮祥
排　　版／杜易蓉
經 銷 商／叩應股份有限公司
郵撥帳號／18707239
法律顧問／圓神出版事業機構法律顧問　蕭雄淋律師
印　　刷／祥峯印刷廠
2023 年 8 月　初版

定價 350 元　ISBN 978-986-133-886-6

不要擔心，也不要焦慮害怕，你現在最需要做的事情就是：想成爲關鍵，就從專注當下開始！

——《關鍵思維：解除焦慮，成爲不凡的關鍵人物》

國家圖書館出版品預行編目資料

關鍵思維：解除焦慮，成爲不凡的關鍵人物／馬克凡（Mark Ven）著. -- 初版. -- 臺北市：圓神出版社有限公司，2023.8

240面；14.8×20.8公分（天際系列；12）

ISBN 978-986-133-886-6（平裝）

1.CST：職場成功法

494.35　112009983